"十四五"职业教育国家规划教材

"国家级精品在线课程"配套新形态教材
高等职业教育工业设计类专业系列教材

手绘产品设计
表现技法（第2版）

赵军　马黎　著

U0217746

电子工业出版社
Publishing House of Electronics Industry
北京·BEIJING

内 容 简 介

本书通过大量的实践案例和临摹素材，详细地介绍了手绘产品设计的各种表现技法和绘制流程，一方面可以让读者借鉴临摹，另一方面可以启发读者，让读者在思维发散和创新设计方面有所提高。本书基于企业产品设计流程将内容分为 8 章，绪论主要介绍成为优秀设计师应该具备的能力；第 1 章对手绘产品设计效果图进行概述；第 2 章介绍各种手绘工具及使用技巧；第 3 章介绍手绘表现技法基础——线条；第 4 章主要讲解透视原理；第 5 章重点讲解马克笔使用技法与上色技巧；第 6 章详细介绍不同质感材料的产品效果图绘制技法；第 7 章展示大量的创新设计案例和手绘临摹素材，供读者借鉴参考和手绘临摹；第 8 章以企业项目案例解析、设计竞赛案例赏析和产品创新设计知识产权申报案例讲解，来指导读者进行创新设计实战。

本书是一本集创新设计、手绘技法和优秀案例于一体的手绘设计方面的指导用书，适合本科与高职、高专等院校设计专业的学生学习使用，也可以作为设计公司初入职设计师的参考用书。

图书在版编目（CIP）数据

手绘产品设计表现技法 / 赵军，马黎著. —2 版. —北京：电子工业出版社，2024.6
ISBN 978-7-121-47936-6

Ⅰ. ①手… Ⅱ. ①赵… ②马… Ⅲ. ①工业产品－产品设计－绘画技法 Ⅳ. ①TB472

中国国家版本馆 CIP 数据核字（2024）第 105333 号

责任编辑：贺志洪   文字编辑：杜 皎
印　　刷：天津画中画印刷有限公司
装　　订：天津画中画印刷有限公司
出版发行：电子工业出版社
　　　　　北京市海淀区万寿路 173 信箱　邮编：100036
开　　本：787×1 092　1/16　印张：13　字数：329.6 千字
版　　次：2020 年 3 月第 1 版
　　　　　2024 年 6 月第 2 版
印　　次：2025 年 1 月第 2 次印刷
定　　价：59.00 元

前言

如何成为一个优秀的工业设计师呢？一个优秀的工业设计师具备的设计技能、设计品质和基本素养都有哪些呢？《手绘产品设计表现技法（第2版）》这本书从如何掌握手绘技能、如何用手绘为设计服务及提升设计创新思维等方面入手，给读者提供了答案。

本书可以为工业设计及其他设计类专业的学生、初入行者、助理设计师等人群在手绘基础、手绘效果表达、设计速写、创新思维训练与提升等设计环节提供必要的指导。本书可以帮助读者增强对工业设计的感性认识，提升他们在设计基础学习、设计实习或项目案例设计中运用手绘技能的水平。本书可以使读者熟悉设计的完整流程，掌握产品设计中手绘技能的作用和应用方法，了解如何利用手绘技能进行思维发散创意和收集设计方案。本书最大的特点就是理论与实际结合，案例多而新，而且大部分案例都是企业真实项目设计案例的手绘稿或国内外知名竞赛的获奖设计作品手绘稿，有些还是企业知名设计师的经典之作。这些案例可以启发读者的创新灵感，还详细地演示了手绘过程，对读者的学习和理解很有帮助。

在信息技术、人工智能、数字化设计日益盛行的今天，许多设计师对手绘设计不屑一顾，认为只要掌握计算机设计就可以驰骋设计界了。但是，从长远来看，计算机设计不可能代替手绘设计。手绘设计表达和计算机设计效果图表达都是设计师将设计创新理念付诸现实的工具，但二者又有不同，各有优势和应用特点。在艺术特点上，计算机设计效果图真实、准确，手绘设计效果图生动、概括。在表现速度与特点上，计算机设计速度较慢，易于反复修改，适合作为设计创意的后期定稿；而手绘设计速度快，既适合勾画设计草案，又适合作为正式的投标方案，并且不受表现形式的限制。快速勾画草图可以激发设计师的联想，思维连续、及时，并且不受时空限制。因此，手绘设计的最大优势在于能够激发设计师的灵感，并能够作为设计师的语言。随着技术的进步，除使用传统的马克笔、色粉、纸等工具进行手绘设计外，用手绘板、平板电脑等工具进行数字手绘设计也成为主流。不管技术如何发展，手绘设计的展现方法如何改变，其应用功能和在设计中的重要性始终不变。手绘设计一直被认为是设计师最重要的基本功之一，是所有设计从业者必须掌握的一项技能。

本书由赵军、马黎负责整体构思、统稿并组建编写团队。绍兴朔方工业设计有限公司杨跃刚，浙江工业职业技术学院周丽先、刘建芳等老师参与本书的编写和手绘素材的整理。

　　由于作者水平有限，时间仓促，书中难免有疏漏和不妥之处，殷切希望广大读者批评指正，以便修订时改进，并致谢意！

作　者

2024 年 3 月

序

每个人都有自己的梦想。

有的人从小喜欢拆家里的电器、玩具，因为他喜欢动手。

有的人从小喜欢用铅笔画花鸟虫鱼，因为他喜欢童话世界。

有的人从小喜欢问各种问题，因为他对世界充满了好奇。

当然，也有一些人兼具以上所有的优点，

于是，这批人后来成为设计的追梦者。

岁月悄然逝去，回忆往昔的一点一滴，我们有时会对自己说："残阳虽被黑夜抹去，但我们不会后悔选择这份职业。从小的方面说，我们是在为生活、为梦想而努力奋斗；而从大的方面说，我们是为了人们的美好生活而努力，通过设计各种产品或工具让人们的生活质量提高，让人们的生活更轻松、更美好。"

在追求设计梦想的旅途中，我们会遇到困难，遭受坎坷，有时因为微薄的工资而伤心，甚至因为客户对设计方案不满意而绝望，但依旧在设计道路上前行不止。

每个设计师内心都有一个梦想，或大或小。只要梦想在，我们就不平凡。相信梦想，你就会有更充足的动力去追求向往的明天。终究有一天，你会因为自己的设计而骄傲，你会因为亲朋好友甚至陌生人的好评和产品热销而名声远扬。你要坚信自己的路，永不退缩。

我将这些话送给那些跟我一样奔波在设计领域的学习者、从业者，也送给那些喜爱设计但由于种种原因未选择设计行业的人。

有的人在做电子产品设计，有的人在做室内设计，有的人在做工程设计，甚至家具设计、珠宝设计……不管什么设计，对于初学者来说，需要掌握的最重要的技能就是手绘产品设计表现技法。

设计是一种有特定目的的创造性活动，通常需要把抽象的概念转变成具象的形态，在这个过程中，手绘作为一个简单的视觉媒介可以轻松地传达这种信息。相比计算机效果图表达，手绘表达更直接、更快速、更贴切，因此被视为最基础的设计技能。掌握手绘技能，在工作中就会更加轻松，更加游刃有余。

本书呈现的设计案例、手绘素材比较注重和强调设计方案构思与创新过程，重点突出手绘效果和整体性，部分案例通过绘制过程来呈现设计方法，比较适合初学者临摹和借鉴。本书选择的素材创新度高，除个别案例是临摹大师作品外，大部分案例是作者及团队成员历年来的设计佳作及手绘创意稿，这些素材既可以用来手绘临摹，也可以丰富读者的设计创新思维。读者囤积优秀的设计案例，久而久之，手绘技能、设计美感、创新思维能力都会得到相应的提高。

赵军

2023 年 12 月

目　录

绪　论

一、新形势下的工业设计蓬勃发展

随着信息化经济的发展，以及中国经济逐渐从"中国制造"向"中国设计"过渡，传统企业拥有的产品优势随着技术、消费者观念等的不断更新而逐渐衰退。例如，熊猫电视机、诺基亚手机，这些曾经家喻户晓的品牌如今已失去曾经的辉煌，甚至企业破产倒闭。企业失败的原因有许多，如何让企业在逆境中转型和创新成为关键，创新能给企业注入源源不断的生命力，维持企业发展。党的二十大报告提出，坚持创新在我国现代化建设全局中的核心地位，加快实现高水平科技自立自强，加快建设科技强国。报告还提出，我国科技发展的方向就是创新，要坚定不移走中国特色自主创新道路，坚持自主创新、重点跨越、支撑发展、引领未来的方针，加快创新型国家建设步伐。

工业设计的核心就是创新。工业设计产业已经被看作当前现代制造业与创新创意高度集成的"智慧产业"，成为传统产业升级转型的重要推动力。工业设计可以为企业带来管理理念、产品、营销策划等众多领域的创新，而创新有利于企业保持产品竞争优势，提高企业形象，促进社会经济发展。在国内传统产业向创新产业转型升级的过程中，工业设计势必发挥着巨大的作用。很多高校为了满足社会对人才的需求，响应政府"万众创新、大众创业"的号召，积极发展工业设计专业。各地不断兴建设计基地，图 0-1 为宁波和丰创意广场，图 0-2 为绍兴市工业设计基地。

工业设计产生的条件是批量生产的现代化大工业和激烈的市场竞争，其主要设计对象是以工业化方法批量生产的产品。然而，工业设计并不等同于产品设计。从广义上讲，工业设计包含艺术设计、环境设计、产品设计等多方面的内容。随着世界工业的快速发展，社会、经济、科技、文化等不断发展，很多传统工业产业需要转型升级。在这个过程中，工业设计、产品创新成为众多企业家首选的发展方向，促使工业设计内容获得更新与充实，设计领域在不断扩大。21 世纪以来，伴随科学技术发展和信息化经济的繁荣，现代设计被赋予更新的概念，设计包含的知识范围将更加广泛，将会涉及生活的各个领域，这也对设计师提出了更高的要求。设计师（包含设计初学者）在平时的学习中要注重对多领域知识的积累，多方向拓展专业能力，以适应社会发展，在工业设计领域大展身手。

图 0-1　宁波和丰创意广场

图 0-2　绍兴市工业设计基地

二、如何成为一个优秀的工业设计师

在工业设计迅速发展的当代社会，一个优秀的工业设计师应该具备哪些素质？一个优秀的工业设计师应该具备哪些能力？具备这些能力或者素质就适合做工业设计了吗？答案是否定的。具备一定的设计能力或素质只是必要条件，是否适合成为一个优秀的设计师取决于更多方面。

1. 掌握基础设计理论知识和基本技能

一个优秀的产品自然有让消费者和厂家双方满意的设计。因此，设计师除了掌握一定的市场学基础知识，在设计中充分考虑各种费用支出和利润的关系，还要充分把握消费者的需求和购买能力，如产品的审美性、舒适性、安全性、耐用性、性价比、易用性等。在设计上，使消费者同时获得物质和精神两方面的满足感，显得非常重要。

工业设计被称为技术与艺术的统一。在技术层面，工业设计涉及自然科学和社会科学众多领域，包括机械学、材料学、数学、仿生学、生理学、光学、色彩学、人机工程学，以及工艺学等；在艺术层面，工业设计涉及艺术学、美学、心理学、符号学、技术学等方面。所以，要做一个成功的工业设计师，就需要有良好的技术背景和艺术背景，具有广博的知识。除了以上知识范畴，工业设计师还需要具有将设计理念和创新思想付诸现实的技能，包含手绘技能、计算机软件设计技能，以及模型制作与开模常识等。

2. 具有极强的好奇心、发现问题的洞察力，以及一定的逻辑分析能力

好奇心强是青少年的天性，而成年人大部分因为适应而对生活中周而复始的事物失去了好奇心。没有好奇心，人就容易失去对事物的兴趣。有句俗语"兴趣是最好的老师"，而兴趣就来自好奇。面对未知的事物和现象，要一探究竟，就是具备好奇心的表现。产品为什么要设计成这个样子，这样设计有什么优点？假如不这样设计会怎样？提出这一系列的问题其实就是好奇心在起作用。工业设计过程其实就是一个发现问题和解决问题的过程。在这个过程中，好奇心帮助你发现问题，但这些问题是否为影响整个过程的主要问题，需要我们用逻辑分析能力去推导和判断，从而得出结论，为解决问题提供依据。

面对一个事物，分析事物的内外主导因素，并推导出事物本身的联系和规律，就是逻辑分析能力。这里所说的事物的存在形式是多样的、不确定的，它可以是一件物品，也可以是一件事情，或者一个结果。有了逻辑分析能力才能在设计中找到产品的问题所在，才能有针对性地进行创新和再设计。

3. 具有一定的审美素养

审美素养就是分辨美丑的能力。如果你对一件事物的美丑没有观点，就说明你内心没有确立一套审美评价标准。所谓评价标准，就是一个人在成长过程中日积月累形成的一种经验和态度。平时接触的人、事物、事情都会影响一个人的评价标准。例如，有的人穿衣打扮被认为"土"或"潮"，而他们自己浑然不觉，就是因为他们生活在不同的评价体系中。

在产品设计上，评价一个产品的美与丑受一定的主观因素影响，但大众审美趋势的决定作用不可忽视。有时，美与丑是相对而言的。大众喜欢的产品通常由于适应的原因使人们不觉得丑，只是有的人认为美，有的人认为普通而已。小众产品针对大众人群来说是丑的、不可接受的，但小众产品的粉丝却认为其美不胜收。因此，平时多看一些美好的事物，多接触各种不同风格的设计和产品，开阔眼界，慢慢地建立起自己的评价体系和标准，对于提升自身的审美能力和设计能力非常有帮助。图 0-3 为两款美感独特的产品设计。

图 0-3 两款美感独特的产品设计

4. 创新思维能力必不可少

创新是工业设计的精髓，没有创新的产品设计不叫设计。设计本身就是一种创新，这种创新是在对事物进行筹划的过程中形成的创意，它是所有物质方式中最接近意识的部分。创新有多种呈现方式，有可能是稍纵即逝的灵感，抑或文稿与设计图。创新思维是设计的命脉，设计是一种智力资源，它以生动灵活的新锐创意引领我们去触摸、追求更高品质的生活，为平淡的生活增添温馨的色彩。

创新思维跟一般的思维是有差异的。一般的思维是从概念、判断到推理，从感觉、知觉到记忆；而创新思维就是以超常规乃至反常规的视角和方法去观察处理问题。将与众不同的问题与解决方案运用到社会实践中，给人们的创造能力或主体创造能力带来一种新的变化，这就是创新思维。

5. 具有很强的自学能力

我国的工业设计教育教学资源是不足的，在面对大量的学习内容时，教师只能做到浅尝辄止式教学。在学习时，学生不仅要知道学什么，还要借助各种手段去掌握怎么学。在这个过程中，自学能力显得非常重要，"师父领进门，修行在个人"讲的就是这一点。

在学习和工作中，工业设计从业者会面临许多之前没有接触过的领域和知识，他们当前具备的知识肯定无法满足社会日益发展的需求，所以自学能力非常重要。试问：一个不具备自学能力的人能通过问别人得到相关的设计解决方案吗？

自学可以借助各种手段，在最短的时间内掌握所需的知识，让自己在可控的范围内完成设计工作项目。

优秀的工业设计师必须具备的几种能力如图0-4所示。

图 0-4　优秀的工业设计师必须具备的几种能力

三、手绘是工业设计师必不可少的基本技能

工业设计作为一种有目的的创造性活动，需要设计师有前面提到的广泛的知识结构，对设计知识灵活运用，善于思考，发现规律，形成自身的设计思想和设计观，还要具有一定的设计表达能力。工业设计师把自己的创意表达出来，主要依靠图纸和模型。一个产品的设计过程，从最初的设计定位、市场调查到设计草图、手绘效果图、用计算机制图，再到制作样板模型，需要设计人员亲自动手才能更好地体现出设计构思的原意。目前已经有比较先进的

数控加工技术、3D 打印技术，但基本的设计表达能力是在设计工作中不可或缺的。很多时候，设计师需要将设计灵感快速记录下来。在这个过程中，手绘成为首选的技巧和方法，利用手绘技巧可以很好地将大脑的思维过程与思维结果快速记录下来，避免灵感稍纵即逝，对后期设计方案的确定及完善有重要的作用。如果没有扎实的手绘产品设计的基本功，设计师在前期设计时就无法表达出自己的设计意图，无法将脑中进现的创意思维及时保存在纸上，这就使设计构想实现的过程显得异常困难，对设计进程有非常大的影响。扎实的手绘技能是设计师迈向成功的基础，图 0-5 为一幅手绘产品设计图。

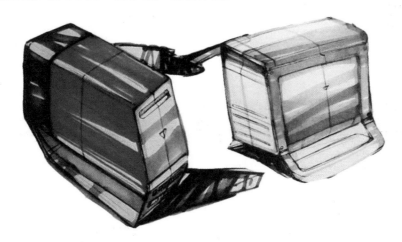

图 0-5　手绘产品设计图（赵军 绘）

第1章

手绘产品设计效果图概述

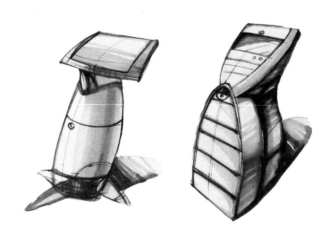

学习目标

要求： 了解效果图的表现方式和内容；了解手绘设计效果图的表现原则。
目标： 熟悉手绘效果图在产品设计中的作用。

学习要点

1. 设计效果图的概念；产品设计效果图的种类与区别。
2. 手绘设计效果图的作用。
3. 手绘设计效果图的表现原则。
4. 制订效果图表现技能学习计划，并在未来的学习和生活中坚持实施。

1.1　设计效果图的概念

1.1.1　什么是产品设计效果图

工业设计属于造型设计活动，自古以来就与造物设计密不可分，而造物设计包含的领域很大，甚至可以包含所有设计领域。单从产品设计领域而言，产品设计的目的是为人服务，以赋予产品新的造型、材料、结构、功能、色彩等诸多新的品质和资格为设计要务，而这些在产品实物制造出来之前最直接的呈现形式即产品设计效果图。

产品设计效果图是产品设计表达的最直接形式。人类的创造来自思考和表现。产品效果图是从思维到图解，从抽象到具体，是复杂的创造思维过程的体现。它承载着表达者的思想感情、主观感受、创造意识、目标追求和精神理念。

1.1.2　产品设计效果图的种类

对于产品效果图设计表达而言，知识背景相同或相近的人进行交流时，采用何种形式进行设计表达并不重要，只要表达准确，交流起来就没有太多障碍。但是，对于知识背景不相同的人来说，就要充分考虑表达的形式、表达的要点，要充分调动对象的感官建立良好的印象和说服力量。重要的不是你说了什么，而是你怎样说。

产品设计表达形式多样，是产品设计中重要的环节。其他设计表达方式，如文字、图表、报告书等，不需要强化训练技巧，不需要系统学习。而产品设计效果图表达形式是通过计算机二维、三维建模或其他形式，绘制出产品效果与空间关系，并且可以进行参数化修改，对于推敲产品的形态和结构是非常方便的。因此，产品效果图设计表达成为当前最主要的设计表达形式。通过数控加工技术或快速成型技术，可以使三维表达数据变成实物模型，是设计的必要阶段。

目前最常用的产品设计效果图表达种类有以下几种。

1. 手绘设计效果图

顾名思义，手绘设计效果图就是徒手绘制的设计表现图，是直接用手和笔快速进行草图或者相对工整的图画表达。其目的是快速表达和记录设计师的构思过程、设计理念。设计师快速表达的技巧越熟练，越能记录更多的思维形象。手绘设计效果图具有简洁的特点，可以快速捕捉设计师瞬间的创作灵感，是设计师要具备的最重要的基本设计技能和素质。

手绘设计效果图是主要借助马克笔、色粉、彩铅、勾线笔、水粉等材料或工具进行徒手绘制的设计表达形式；随着技术的进步，利用手绘板、平板电脑等工具进行数字手绘设计逐渐普及。手绘设计效果图表达简单直接，可以在短时间内快速表现设计形态、结构、功能、色彩效果等。但是，这种设计表达形式需要的学习周期较长，只有经过长时间的学习和锻炼才能在设计中熟练运用。手绘设计效果图根据表达的精细程度不同分为手绘精细效果图和手绘效果草图。前者主要用于表达成熟的设计方案，或者表达一些设计者或客户比较认可的设计；后者更多的是用于创意思维发散阶段，或设计方案尚不明确的设计前期。大多数设计者的习惯是：在设计初期，绘制十几幅甚至几十幅手绘设计草图，再让领导或者客户挑选，然后将选中的方案进一步细化，得到手绘精细效果图，并利用各种计算机软件进行外观细化设计和结构设计。

随着社会的发展，很多设计者越来越依靠计算机软件来绘制设计效果图。因此，目前大多数设计者很少绘制手绘精细效果图，通常在手绘草图方案被确认后，直接利用计算机软件来制作产品设计效果图，这样更快捷方便。图 1-1 为利用马克笔绘制的多士炉手绘效果草图。

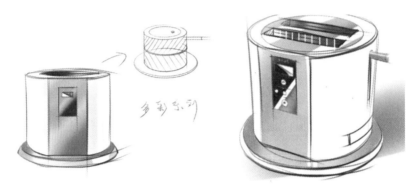

图 1-1　利用马克笔绘制的多士炉手绘效果草图（陈德伟 设计）

2. 计算机辅助三维设计效果图

计算机辅助三维设计效果图是采用三维设计软件进行设计制作，然后通过渲染来呈现产品效果的一种形式。目前常用的设计软件有 Rhino、UG、Pro/Engineer、SolidWorks、Inventor、3Ds Max 等，渲染软件主要有 3Ds Max、KeyShot、Cinema 4D 等。这种表达形式是设计中必不可少的，它是制定设计方案和制作模型样板的中间环节。而且，三维表达数据可以通过数控加工技术或快速成型技术变成实物模型，是设计中必不可少的。相比另外两种设计表达形式，计算机辅助三维设计效果图更加重要，与后期产品样板制作或开模关系更紧密。图 1-2 为利用 UG 与 KeyShot 制作的江南公共伞借助系统，图 1-3 为利用 Rhino 与 KeyShot 制作的桌面加湿器。

图 1-2　利用 UG 与 KeyShot 制作的江南公共伞借助系统（严思红、赵军、童玉琴 设计）

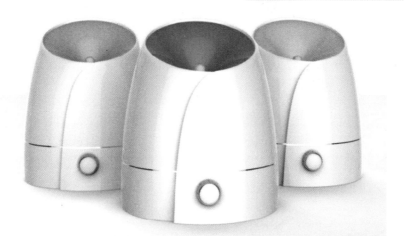

图 1-3　利用 Rhino 与 KeyShot 制作的桌面加湿器（赵军、孙成栋　设计）

3. 计算机辅助二维设计效果图

计算机辅助二维设计效果图是当前较流行的一种设计形式，设计快捷简单，而且呈现的效果更加真实，在细节表达上更有优势。目前主要的二维设计软件有 Photoshop 和 CorelDRAW。特别是 Photoshop 软件，不仅具有排版功能，还具有强大的修图功能，可以消除效果图中的瑕疵，并赋予产品绚丽的质感和背景效果。有些习惯使用三维软件制作效果图的设计人员在效果图制作的最后环节也会用 Photoshop 来修改完善效果图，以提升其质感和表现效果。图 1-4 为利用 Photoshop 制作的飞利浦料理机效果图。图 1-5 为利用 UG、KeyShot 和 Photoshop 制作的圆筒形音响设计效果图。

图 1-4　利用 Photoshop 制作的飞利浦料理机效果图（张明、赵军　制作）

图 1-5　利用 UG、KeyShot 和 Photoshop 制作的圆筒形音响设计效果图（赵军 设计）

1.1.3　手绘设计效果图的作用

许多设计师至今还是习惯徒手表达设计思想，手绘在有些方面是计算机软件无法取代的。手绘设计效果图是传递设计师形象思维过程的一种专业性很强的特殊语言，它不仅可以帮助设计师积累设计方案和素材，还能增强设计师对造型艺术的敏感度，让设计思想更加活跃。因此，徒手快速绘制设计效果图对于设计专业人员来说具有至关重要的作用。手绘设计效果图的重要性主要体现在以下几个方面。

1.　手绘设计过程就是积累素材，并培养设计师敏锐的设计感知力的过程

手绘设计效果图是收集设计素材的好方法，它就像照相机一样，可以帮助设计者随时记下不同产品的形态、材质、色彩或局部细节，有时可以加以文字说明，将其整理成册就可以形成庞大的素材库，设计时就可以用来拓展思路，随时加以利用。在手绘过程中，设计师通过对产品形态、色彩的感受重新塑造产品形象，以此提高对产品造型、审美性及创造性的把握，具有更敏锐的设计感知力，有助于设计出更出色的作品。

2.　表达设计构思和创意

设计师手下流动的线条通常是设计师创意思想的外在表现。设计师一定要学会画手绘效果图，在手绘草图形成并变化的过程中可能出现一些触发灵感的线条，要把握这些机会，很多设计方案的最终稿就是基于这些简单的线条。

手绘是把设计构思转化为现实图形的有效手段，手绘设计图一般分为手绘草图和手绘效果图。手绘草图一般使用铅笔、钢笔、针管笔、马克笔等简单绘图工具绘制，追求的是方案创意的广度，可以帮助设计师迅速地捕捉头脑中的设计灵感和思维路径，并将其转化成形态符号记录下来。在设计初期，设计师的思维是模糊的、零碎的、稍纵即逝的，当某一瞬间产生灵感时，就必须在短时间内将其用简洁、清晰的线条表现出来，将不规则也不完美的形态快速记录下来。这个过程比较随意，只要设计师自己看懂即可。手绘草图记录的混乱的不规则的形态虽然不能直接形成完美的设计，但经常可以调动设计师的想象，使设计师的思维活跃起来，而不仅局限于某一具象形态，这样就很容易产生新的形态和创意。将草图挑选、加工和完善，后期就会形成富有新意且令人满意的设计方案。图 1-6 展示了电熨斗的设计构思过程。

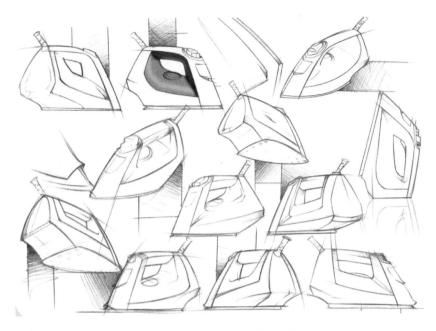

图 1-6　电熨斗的设计构思过程

3. 与企业客户和设计同行交流的工具

在产品设计过程中，对于产品的造型、功能、结构及美学与人机工程学等方面，设计师都需要与领导及客户进行沟通，同时与产品开发相关部门人员进行反复的交流和沟通。在这些过程中，设计师可以通过手绘来及时表达自己的想法，与其他人共同评价草图方案的可行性，以形成初步的设计意图，进一步完善自己的设计。而且，产品设计通常都是团队合作进行的，团队成员讨论设计方案时，手绘就成了最快捷直观的表现形式，手绘效果图能将产品的造型、结构、操作方式等主要内容表现出来，是最有效的交流沟通工具。

1.2　手绘设计效果图的表现原则

1. 注重设计的立意和构思

无论采用哪种效果图表现技法和哪种绘制形式，画面塑造的空间、形态、色彩、光影和气氛效果都是围绕设计的立意与构思进行的。正确把握设计的立意和构思，在画面上尽可能表达出设计的目的、内容和效果，创造出符合设计本意的最佳情趣，是手绘效果图表达的根本要务。

在手绘过程中，有些人习惯重点表达产品形体透视艺术和画面色彩变化，而忽略设计的立意和构思，这种效果图缺少灵魂，不能很好地引发客户的共鸣，因此很多是失败的。

2. 注重透视关系

设计构思是通过画面艺术形象来体现的，而形象在画面上的位置、大小、比例、方向的表现都是建立在科学的透视关系基础之上的。错误的透视关系往往让人觉得视觉不平衡，画面失真，也就失去了美感。所以，设计师应该掌握透视原理，并应用相关法则处理好各种形象在画面中的布局，使画面中的形体结构和布局显得真实、准确、稳定。图 1-7 为三点透视图。

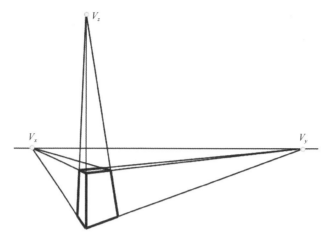

图 1-7　三点透视图

除对透视法则的熟练运用外，设计师还必须学会用结构分析方法对待每个形体的内在构成关系和每个形体之间的空间联系，这种联系就是构成画面骨骼的纽带和筋腱。掌握结构分析方法主要依靠设计素描训练，多画多练，尤其以正方体为对象进行感性速写练习，以便更加准确、快捷地组合出相应的结构。

3. 注重线条流畅与连贯

线条是绘画的基础，从线条的流畅性与连贯性可以直接判断一个人的手绘功底。不同的线条能够表现产品的不同性格，从而影响作品的空间气质。因此，绘图时一定要分清各线条的粗细要求。绘制线稿时要注意，气息缓慢，画出均匀用力的长线条，线条要流畅，忌断线，要悬腕来完成线条的绘制。将线条交叉组合，画出简单的形体。注意：线条交叉处一定要闭合，可以出线头来保证框架稳定。对于一些复杂形体，可以先画出大体框架，再逐步画出内部细节线条，线条要疏密结合。一般来说，形体的外轮廓直线绘制时速度要慢、力度要大。

4. 注重明暗色彩的表达

如果构思和立意是灵魂、透视和线条是基础，那么恰当的色彩和明暗关系应该就是效果图的升华了。恰当的明暗关系和色彩可以赋予效果图灵魂和肉体，让其更有空间感、形体感。人们就是通过物体外表的色光来感受形体的存在，感受效果图传达的产品灵气。因此，设计师必须在色与光的处理上施展必要的技巧，以极大的热情去塑造产品理想的形态。在平时训练时，设计师就要注重对色彩构成基础知识的学习和掌握，注重色彩感觉与心理感受之间的关系，注重各种上色技巧及绘图材料、工具和笔法的运用。

综上所述，要画好手绘设计效果图，前期必须学习透视原理、设计素描、色彩基础等基础知识，以及绘图工具的使用。设计素描与设计色彩等课程是手绘的基础，图 1-8 为设计素描与彩绘作品示例。

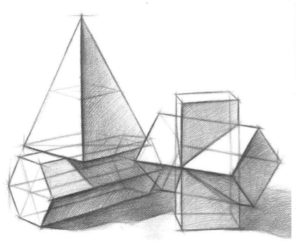 

图 1-8　设计素描与彩绘作品示例

扫描二维码，观看教学视频

【思政讲堂】

【思政元素1】知识用时方恨少。

《警世贤文》之勤奋篇

有田不耕仓廪虚，有书不读子孙愚。宝剑锋从磨砺出，梅花香自苦寒来。少壮不经勤学苦，老来方悔读书迟。书到用时方恨少，事到经过才知难。板凳要坐十年冷，文章不写一句空。智慧源于勤奋，伟大出自平凡。书山有路勤为径，学海无涯苦作舟。少壮不努力，老大徒伤悲。欲求生富贵，须下死功夫。

有田不去耕种，仓库里无储备，当然空虚了。有书不去读，子孙当然愚昧了。宝剑的锐利剑锋是从不断磨砺中得到的，梅花飘香来自它度过了寒冷的冬季。如果少年时不知道早早地勤奋学习，到年老白头要用知识时就会后悔读书太迟、太少了。

知识总是在运用时才让人感到太不够了，许多事情如果不亲身经历就不知道有多难。做学问的人要耐下心来坐十年冷板凳，毫无怨言，文章却写得实在，没有半句空话。

人的智慧是靠勤奋得来的，只有勤读书、多历练，才能增长知识、增长智慧。伟大的人都是从平凡的普通人变成的，只要努力，普通人也可以变得伟大。

在读书、学习的道路上，没有捷径可走，也没有顺风船可驶，如果你想要在广博的书山学海中汲取更多、更广的知识，"勤奋"和"刻苦"就是必不可少的。少年人如果不及时努力，到老来只能是悔恨一生。如果想要光宗耀祖、出人头地，就必须不断努力。

【思政元素2】推进文化自信自强，铸就社会主义文化新辉煌。

党的二十大报告原文摘录

全面建设社会主义现代化国家，必须坚持中国特色社会主义文化发展道路，增强文化自信，围绕举旗帜、聚民心、育新人、兴文化、展形象建设社会主义文化强国，发展面向现代化、面向世界、面向未来的，民族的科学的大众的社会主义文化，激发全民族文化创新创造活力，增强实现中华民族伟大复兴的精神力量。

我们要坚持马克思主义在意识形态领域指导地位的根本制度，坚持为人民服务、为社会主义服务，坚持百花齐放、百家争鸣，坚持创造性转化、创新性发展，以社会主义核心价值观为引领，发展社会主义先进文化，弘扬革命文化，传承中华优秀传统文化，满足人民日益增长的精神文化需求，巩固全党全国各族人民团结奋斗的共同思想基础，不断提升国家文化软实力和中华文化影响力。

（一）建设具有强大凝聚力和引领力的社会主义意识形态。意识形态工作是为国家立心、为民族立魂的工作。牢牢掌握党对意识形态工作领导权，全面落实意识形态工作责任制，巩固壮大奋进新时代的主流思想舆论。健全用党的创新理论武装全党、教育人民、指导实践工作体系。深入实施马克思主义理论研究和建设工程，加快构建中国特色哲学社会科学学科体系、学术体系、话语体系，培育壮大哲学社会科学人才队伍。加强全媒体传播体系建设，塑造主流舆论新格局。健全网络综合治理体系，推动形成良好网络生态。

（二）广泛践行社会主义核心价值观。社会主义核心价值观是凝聚人心、汇聚民力的强大力量。弘扬以伟大建党精神为源头的中国共产党人精神谱系，用好红色资源，深入开展社会主义核心价值观宣传教育，深化爱国主义、集体主义、社会主义教育，着力培养担当民族复兴大任的时代新人。推动理想信念教育常态化制度化，持续抓好党史、新中国史、改革开放史、社会主义发展史宣传教育，引导人民知史爱党、知史爱国，不断坚定中国特色社会主义共同理想。用社会主义核心价值观铸魂育人，完善思想政治工作体系，推进大中小学思想政治教育一体化建设。坚持依法治国和以德治国相结合，把社会主义核心价值观融入法治建设、融入社会发展、融入日常生活。

（三）提高全社会文明程度。实施公民道德建设工程，弘扬中华传统美德，加强家庭家教家风建设，加强和改进未成年人思想道德建设，推动明大德、守公德、严私德，提高人民道德水准和文明素养。统筹推动文明培育、文明实践、文明创建，推进城乡精神文明建设融合发展，在全社会弘扬劳动精神、奋斗精神、奉献精神、创造精神、勤俭节约精神，培育时代新风新貌。加强国家科普能力建设，深化全民阅读活动。完善志愿服务制度和工作体系。弘扬诚信文化，健全诚信建设长效机制。发挥党和国家功勋荣誉表彰的精神引领、典型示范作用，推动全社会见贤思齐、崇尚英雄、争做先锋。

（四）繁荣发展文化事业和文化产业。坚持以人民为中心的创作导向，推出更多增强人民精神力量的优秀作品，培育造就大批德艺双馨的文学艺术家和规模宏大的文化文艺人才队伍。坚持把社会效益放在首位、社会效益和经济效益相统一，深化文化体制改革，完善文化经济政策。实施国家文化数字化战略，健全现代公共文化服务体系，创新实施文化惠民工程。健全现代文化产业体系和市场体系，实施重大文化产业项目带动战略。加大文物和文化遗产保护力度，加强城乡建设中历史文化保护传承，建好用好国家文化公园。坚持以文塑旅、以旅彰文，推进文化和旅游深度融合发展。广泛开展全民健身活动，加强青少年体育工作，促进群众体育和竞技体育全面发展，加快建设体育强国。

（五）增强中华文明传播力影响力。坚守中华文化立场，提炼展示中华文明的精神标识和文化精髓，加快构建中国话语和中国叙事体系，讲好中国故事、传播好中国声音，展现可信、可爱、可敬的中国形象。加强国际传播能力建设，全面提升国际传播效能，形成同我国综合国力和国际地位相匹配的国际话语权。深化文明交流互鉴，推动中华文化更好走向世界。

单元训练和作业

一、课题内容

了解效果图制作的内容；熟悉手绘效果图在产品设计中的作用。

二、作业要求

1. 效果图有哪些表现形式和表现方式？
2. 手绘设计效果图的表现原则是什么？

3. 手绘设计效果图的作用是什么？

4. 绘制计算机效果图时，常用的三维设计软件有哪些？

5. 利用 Photoshop 绘制如图 1-9 所示的剃须刀效果图。

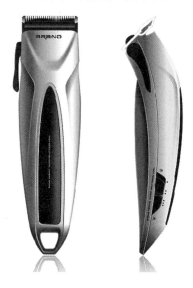

图 1-9　剃须刀效果图

第 2 章

手绘工具运用

要求：了解并掌握各种手绘工具的基本使用方式和特点；重点掌握马克笔、彩铅、色粉三种工具的使用技巧。

目标：运用本章所学知识，能够熟练使用马克笔、彩铅、色粉等手绘工具。

学习要点

1. 熟悉常用的手绘工具。
2. 马克笔的分类；马克笔的用法及注意事项。
3. 彩铅的分类；水溶性彩铅的使用方法及注意事项。
4. 色粉的种类与区别；色粉的使用方法和步骤。

手绘效果图的工具种类有很多种，常用的有马克笔、圆珠笔、彩铅、针管笔、色粉等。不同的工具绘制的效果不同，自然绘制手法也不一样，只有摸清每种材料的使用方式和习性，才能在手绘应用中游刃有余，绘制出满意的、带有情感的手绘产品设计效果图。

2.1 马克笔

马克笔（Marker Pen），又名记号笔，是新出现的绘图工具材料，被设计师广泛采用。马克笔常用于产品设计表现、室内设计表现、广告海报绘制等方面。马克笔使用方便，有速干特性，能提高作画速度，如今已成为设计师必备的画材之一。

2.1.1 马克笔的种类

马克笔分水性、酒精性、油性几种。一般来说，酒精性和油性马克笔使用较多，图2-1～图2-4为几个常见的品牌。

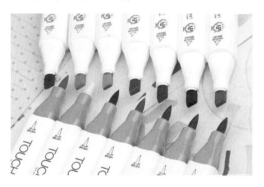

图 2-1　韩国 Touch 酒精马克笔

图 2-2　美国三福霹雳马油性马克笔

图 2-3　日本美辉水性马克笔

图 2-4　美国犀牛油性马克笔

1. 水性马克笔

水性马克笔下笔遇水即溶，绘画效果与水彩相同。水性马克笔笔触颜色亮丽，有透明感，多次叠加后颜色会变灰，力量过大时容易损伤纸面。水性马克笔的墨水类似彩色笔，是不含油精成分的内容物。用沾水的马克笔在纸张上面涂抹，效果跟水彩很相似。有些水性马克笔画迹干掉之后会耐水。因此，在购买与使用马克笔时，一定要清楚马克笔的属性和绘制效果。

2. 酒精性马克笔

酒精性马克笔的墨水主要成分是染料、变性酒精、树脂，易挥发，使用完后需要盖紧笔帽。酒精性马克笔可在任何光滑表面书写，速干、防水、环保，可用于绘图、书写、做记号等。在使用该类马克笔时尽量选择通风良好处，使用完盖紧笔帽，防止墨水挥发，而且要远离火源并防止日晒。

3. 油性马克笔

油性马克笔的墨水属油性，无毒，有快干、耐水、挥发较快、永久附着、不脱色等特点。油性马克笔的色彩穿透力强，笔触叠加较明显，通过反复叠加可以画得很深，可在纸张、塑料、玻璃、白板、金属等大部分固体上书写。油性墨水因为含有油精成分，所以味道比较刺激，而且较容易挥发。如果玩具掉漆，就可以用油性马克笔补色。油性马克笔耐光性相当好，颜色多次叠加也不会伤纸。

另外，按照笔头分类，可将马克笔分为纤维型笔头和发泡型笔头两种。纤维型笔头如图 2-5 所示，其笔触硬朗、犀利，色彩均匀。高档笔头设计为多面，笔头转动能留下不同宽度的笔触，适合对空间立体感的塑造，多用于工业设计、产品设计、建筑效果图制作、室内设计等手绘表达中。纤维型笔头分普通头和高密度头两种，区别就是书写分叉和不分叉。发泡型笔头较纤维型笔头更宽，笔触柔和，色彩饱满，画出的色彩有颗粒状质感，适合景观、水体、人物等软质景物的表达，多用于景观、服装、动漫等专业。很多马克笔厂家为了方便使用者，将笔的一端设计为纤维型笔头，将另一端设计为发泡型笔头，这样使用者就可以根据应用场合灵活应用，不需要多次购买，避免浪费。

图 2-5　纤维型笔头

★ 提示：

马克笔色彩繁多，设计师一般配备灰色系列和专门表现材质的颜色。从数量上来说，20支左右能够满足基本使用；要想做出丰富的效果，40支左右是比较合适的选择。因此，建议购买 36 色系或 48 色系套装马克笔。假如感觉色彩不够，可以在套装基础上根据使用色彩的情况单独购买几支常用色彩的马克笔。

图 2-6 为美辉马克笔产品设计常用色系参考。图 2-7 为法卡勒马克笔产品设计常用色系参考。

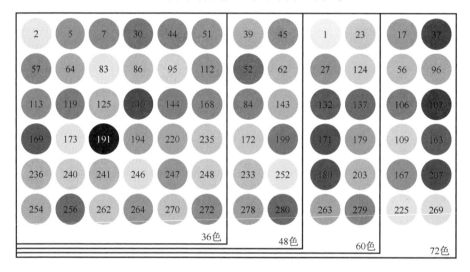

图 2-6　美辉马克笔产品设计常用色系参考

图 2-7　法卡勒马克笔产品设计常用色系参考

2.1.2　马克笔的用法及注意事项

马克笔的色彩种类较多，常用的不同色阶的灰色系列使用频率较高，非常方便。它的笔尖一般有粗细多种，还可以用笔尖的不同角度画出粗细不同效果的线条。马克笔绘制线条流畅，色泽鲜艳明快，使用方便。同时，马克笔笔触明显，多次涂抹颜色会叠加，因此要用笔果断，在弧面和圆角处要顺势变化。设计师利用马克笔的各种特点，可以创造出多种风格的产品设计表现图。

一般来说，用马克笔绘制产品设计效果图，先用绘图笔（针管笔）勾勒出产品效果图基本框架和结构，然后用马克笔上色。油性的色层与墨线互不遮掩，而且色块对比强烈，具有很强的形式感。要均匀涂出成片的色块，必须快速、均匀地运笔；要画出清晰的边线，可用胶片、贴纸、特殊胶带等物进行局部遮挡；要画出色彩渐变的退晕效果，可以用无色马克笔进行退晕处理。马克笔的色彩可以用橡皮擦、刀片刮等方法做出各种特殊效果。马克笔也可以与其他绘画工具共同使用，与色粉或彩铅混合使用效果尤佳。例如，用水彩或水粉绘出大面积的背景或渐变色彩，然后用马克笔刻画细节，以扬长避短，获得更加美观、真实的表达效果。图 2-8 为利用马克笔绘制的榨汁器。

图 2-8　利用马克笔绘制的榨汁器（赵军 绘）

2.2　圆珠笔

　　圆珠笔又称水笔，是一种常见的书写工具，使用非常方便，如图 2-9 所示。用圆珠笔作画力求一笔到位，不可修改。圆珠笔笔画细腻，层次丰富，具有油画效果，较钢笔更宜刻画细节。圆珠笔笔头属于尖头，适用于各种纹路的纸张，无论立锋或侧锋，都能保持清晰的笔触，如图 2-10 所示。建议初学者用蓝色圆珠笔练习，因为蓝色可以给人梦幻的感觉。图 2-11 为圆珠笔手绘设计线稿。画家欧阳鹏杰擅长圆珠笔画，其作品具有独特的绘画风格和创造力，如蓝调作品"鸵鸟""冰河世纪"系列，如图 2-12 所示。

图 2-9　圆珠笔

图 2-10　圆珠笔尖头

★ 提示：

用圆珠笔绘画，在纸张方面有以下要注意的地方。
一是纸张克数[1]一定要高，也就是纸张要厚，这样圆珠笔的油墨不会渗透纸张。

---

① 纸张克数指纸张每平方米的质量为多少克，用 gsm（克/平方米）来表示。

二是纸张的纹理选择。纸张纹理分为细纹、中纹、粗纹。对纹理的选择可以根据画面大小确定，画幅小的作品尽量不要选择粗纹纸，否则深入刻画比较吃力。图 2-13 为 300 gsm 粗纹水彩纸。图 2-14 为三种纹理的 300 gsm 手工水彩纸对比。

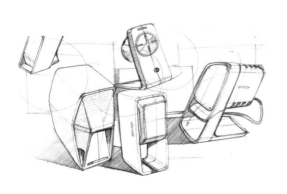

图 2-11　圆珠笔手绘设计线稿

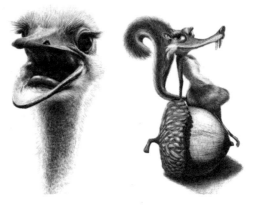

图 2-12　"鸵鸟""冰河世纪"系列中的形象

图 2-13　300 gsm 粗纹水彩纸

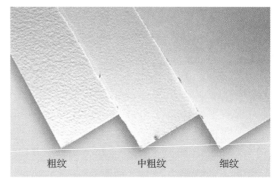

图 2-14　三种纹理的 300 gsm 手工水彩纸对比

2.3　彩铅

2.3.1　彩铅的种类

　　彩铅即彩色铅笔，根据笔芯可以分为蜡质和粉质两种，还有一种水溶性彩铅，着色后用描笔蘸水晕开，可以进行色彩渐变过渡，模拟水彩效果。在石墨里加入不同颜色的黏土，加上黏土的比例不同，生产出的铅笔芯的硬度就不同，颜色也就不同。图 2-15 为美国三福霹雳马彩铅。

　　蜡质彩铅也称油性彩铅，大多数是蜡基质的，色彩丰富，表现效果突出，比较适合手绘产品设计效果图。蜡质彩铅的笔迹光泽性强，但其颜料难以附着在纸上，容易掉，随着时间增长会越来越浅，而且不如水溶性彩铅涂的颜色深。普通蜡质彩铅如图 2-16 所示。

　　水溶性彩铅是比较常用的一种绘画工具，多为碳基质，具有水溶性。水溶性彩铅很难形成平润的色层，容易形成色斑，类似水彩画，比较适合画建筑物和速写。使用水溶性彩铅绘图后，再使用水和毛笔着色，可产生富于变化的水彩一样的效果，操作简单，容易掌握。用彩铅作画适宜选择表面粗糙的纸张。水溶性彩铅颜色很清透，附着力比较强，深浅用力度就可以很好控制，可以画得很深或很淡，用毛笔蘸水可以晕开。

图 2-15　美国三福霹雳马彩铅

图 2-16　普通蜡质彩铅

在用水溶性彩铅作画时，水扮演了一个融合者的角色——模糊原有的笔触边界，让色调的变化更为自然均匀。在产品设计效果图的绘制中，在处理细部或不同纹理与光、环境的关系时，水溶性彩铅是必不可少的。图 2-17 为用水溶性彩铅绘制的花卉。

当然，水溶性彩铅和普通彩铅的绘制效果和使用方法还是有明显区别的。

（1）水溶性彩铅的色彩可以用水和毛笔晕开，而普通彩铅的痕迹不能。

（2）水溶性彩铅在纸上涂大面积色彩时会有明显的碎屑，而普通彩铅没有。

（3）水溶性彩铅的颜色是可以用橡皮擦掉的，而普通彩铅的颜色不可以。

其实，彩铅的质量可以从铅芯的软硬程度来判断，质量越好的笔芯越软，颜色越艳丽，而且不会轻易断芯。不过，在挑选彩铅时还要根据实际来选择，并不是越贵的越好。如果画淡彩画，就不能挑软性彩铅，在画重彩时硬性彩铅的颜色饱和度又不够，所以要根据具体情况挑选，不能一概而论。

图 2-17　用水溶性彩铅绘制的花卉

2.3.2　彩铅的用法及注意事项

用彩铅上色要耐心，画出细腻的感觉。先把笔削尖，一层层地上色，不能用力涂。不同的彩铅颜色叠加会形成另外的颜色（类似水粉画）。画颜色重的地方，应该注意几种颜色在一起的效果。例如，画黑色的头发，不要只用黑色彩铅去涂，涂到最后，就是平的，没立体感；画盘子的阴影，也不要用黑色去涂，可以尝试用紫色、红色等颜色去叠加。如果用的是水溶性彩铅，就先用彩铅画一层，然后再用毛刷蘸水涂，颜色就会渲染开来。切记：要尝试不同颜色搭配出来的感觉，一层层地画，不要只用一种颜色涂。图 2-18 为黑色彩铅手绘产品效果图。

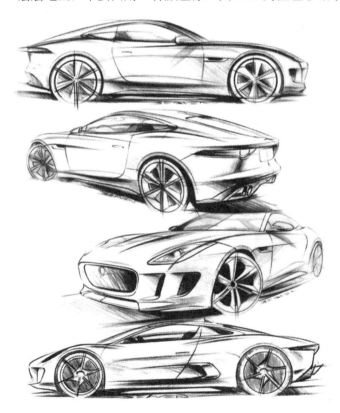

图 2-18　黑色彩铅手绘产品效果图

　　用彩铅画色彩是最需要注意的地方，色彩好坏直接决定了画的命运。这也是新手最苦恼的地方，因为彩铅很难完美擦掉，一旦颜色留在画面上，就无法完全擦干净。为了不让画面变脏，选定颜色后就不要修改了，要修改只能用色调色温差不多的颜色覆盖。

　　初学者在色彩搭配方面很容易出问题，请记住：红一绿、黄一紫、橙一蓝，这三组颜色是相斥色（就是混在一起会变成黑色）。除非画面需要，不要把相斥的颜色用在一起，更不要叠色、混色。

　　彩铅上色顺序一般从浅到深，对一些把握不准的地方可以留白，想好后再上色。涂色的时候，不论排线还是平涂线都要先均匀上一遍色，需要加深的地方叠上相同的颜色。上色时，如果颜色上到轮廓以外（非阴影部分），不用急着擦，这样画面效果更好。在上深色时，力道要控制好，在靠近遮挡区阴影靠近光源的一边从内向外由深至浅渐变。如果事先涂有浅色层，那么用力轻一点，渐变到合适的颜色就可以了。上色时要弄清人物各部分的轮廓关系。例如，给手腕上色，可以根据手腕的弧度用交叉线上色；对于头发，可以从发丝边缘根据曲度向内渐变颜色。

　　多色彩铅手绘过程及效果如图 2-19 所示。单色彩铅经常被用来手绘线稿图，如图 2-20 所示。

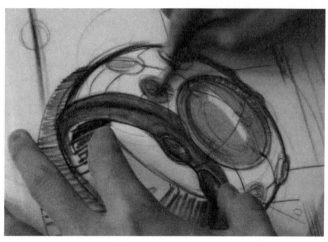

图 2-19　多色彩铅手绘过程及效果

图 2-20　单色彩铅线稿图（赵军 绘）

★ 提示：

用彩铅绘制产品时，需要耐心和细心，线条要清晰、干净、挺拔，颜色要层层叠加，慢慢增加光影与产品立体感。在一般情况下，需要经常削铅笔，保持笔尖尖锐，以易于刻画。纸张最好选择较粗糙厚实的，如 300 gsm 的卡纸。

2.4 针管笔

针管笔如图 2-21 所示。针管笔笔径的粗细决定所绘线条的宽窄，其笔径从 0.1 mm 到 2.0 mm，有不同规格。绘制设计图时，一般应备有粗、中、细三种不同的针管笔。针管笔的特色是画出来的线条十分均匀，显得干净利落，常用于加重产品的结构线和开模线。针管笔的缺点就是线条太均匀，缺乏层次感。因此，绘图时通常要使用不同型号的针管笔，以达到主次分明、层次突出的效果。

图 2-21　针管笔

★ 提示：

（1）绘制线条时，针管笔笔身应该尽量与纸面垂直，以画出粗细均匀的线条。

（2）用针管笔作图应按照先上后下、先左后右、先细后粗的原则，运笔速度与力度应均匀、平稳。

2.5 色粉

2.5.1 色粉的形式及种类

色粉是一种有颜色的粉末物质，最大的特点就是不需要加稀释剂调和，可以直接涂在画面上，色相相互混合也是在画面上直接进行的。在绘制工业产品设计效果图时，遇到非常光滑的物体，适当用色粉揉擦可以取得很好的效果。

1. 硬色粉笔

顾名思义，硬色粉笔质地比较硬，使用的黏合剂较多，比较适合给画铺底色或者画一些细节。图 2-22 为盒装条形色粉笔。

图 2-22　盒装条形色粉笔

2. 软色粉笔

软色粉笔材质比较软，使用的颜料较多，适合大面积上色或渲染，价格相对较贵。图 2-23 为两种不同颜色的普通软色粉（使用状态）。

图 2-23　两种不同颜色的普通软色粉（使用状态）

3. 色粉铅笔

色粉铅笔的样子跟我们平时使用的彩铅是一样的，只是中间的芯是色粉材质，这种铅笔的黏合剂含量较高，适合绘制产品细节结构。

4. 盘状色粉

盘状色粉是最近几年兴起的一种色粉形式，深受欧美画家喜爱。它的样子类似眼影，是一块一块的，在使用时，用一个像眼影棒一样的东西蘸着色粉画，跟画油画很相似。

2.5.2 色粉的用法及注意事项

色粉画兼有油画和水彩画的艺术效果，具有独特的艺术魅力。色粉画在塑造和晕染方面有独到之处，且色彩变化丰富、绚丽、典雅，最宜表现变化细腻的物体，如环境背景（如天空、地面）、产品的色彩渐变、人体的肌肤、水果等，常给人以清新之感。色粉画如图 2-24 所示。从使用材料来看，色粉画不需要借助油、水等媒体来调色，可以用单色直接作画，也可以将多种颜色调和使用，只需将色粉揉擦、相互结合即可得到理想的色彩。色粉以矿物质色料为主要原料，所以色彩稳定性好，明亮饱和，经久不褪色，长时间保存后效果色彩如新。图 2-25 为用色粉绘制的汽车设计效果图。

图 2-24　色粉画

一般在使用色粉时，可以用特制的干颜料笔，直接在纸上干绘。由于色粉颜料较为松软，勾轮廓稿时最好用炭笔（条），不宜用石墨笔勾绘。在用纸方面，最好使用具有细小颗粒的纸张，以便颜料可以更好地附着在画面上。色粉颜料是干且不透明的，较浅的颜色可以直接覆盖在较深的颜色上，而不会将深颜色破坏。在深色上着浅色可形成一种直观的色彩对比效果，甚至纸张颜色也可以同画面上的色彩融为一体。色粉画容易掉粉，容易被涂抹，特别是笔触很轻的色粉笔作品，用嘴一吹就能吹掉许多颜色。因此，色粉画一般会用定画液定色。对于笔触很轻的色粉笔作品来说，尤其要选用好的定画液，普通定画液是定不住的（喷定画液的时候容易喷掉色粉，喷少了没有任何效果，喷多了会把色粉溶掉）。色粉画最好的保存方式是画完立刻装裱在表面有玻璃的画框中。

图 2-25　用色粉绘制的汽车设计效果图（赵军 绘）

色粉笔的线条是干的，因此这种线条能够适应各种质地的纸张。有纹理的纸可以令色粉覆盖其纹理凸处，而纸孔只能用更多的色粉笔条或通过擦笔或用手揉擦色粉来填满。因此，纸张纹理直接决定画面的纹理。在使用色粉笔时，布、软性餐巾纸、纸制擦笔和手指都可以用作调色的工具。布主要用于调和总体色调，而具体色调变化多用手指调和，因为用手指刻画形体更为方便。用手指调和色彩时，力度轻重可以自己掌握。用力较轻，底层颜色就不会跑到表层上来。用手指调和还可以控制调和的范围，不至于弄脏周围的颜色。

用色粉作画，可借助其他辅助工具，先用工具刀在色粉笔上刮出粉末，然后用化妆棉或手指将粉末涂抹在纸面上，如图 2-26 所示。

图 2-26　色粉使用步骤

用色粉作画程序如图 2-27 所示。

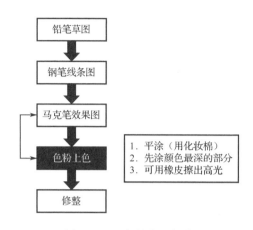

图 2-27　用色粉作画程序

2.6　纸张

　　绘图纸的选择非常多，用得比较多的是水彩纸、水粉纸、白卡纸、铜版纸、描图纸、马克笔纸等，这些都是作图的理想纸张。

　　（1）素描纸：纸质较好，表面略粗，易画铅笔线，耐擦，稍吸水，宜用于较深入的素描练习和彩色铅笔表现图。

　　（2）水彩纸：正面纹理较粗，蓄水性强，反面稍细，耐擦，用途广泛，宜用于精致描绘的表现图。

　　（3）水粉纸：较水彩纸薄，纸面略粗，吸色稳定，不宜多擦。

　　（4）绘图纸：纸质较厚，结实耐擦，表面较光滑。不适宜水彩，适宜水粉，用于钢笔淡彩，以及用马克笔、彩铅、喷笔作画。

　　（5）铜版纸：白亮光滑，吸水性差，不适宜铅笔，适宜用钢笔、针管笔、马克笔作画。

　　（6）色纸：色彩丰富，品种齐全，多为进口，价格偏高，多数为中性低纯度颜色，可根据画面内容选择适合的颜色基调。

　　（7）卡纸、书面纸、牛皮纸：多为工业用纸，熟悉其性能后可将其作为进口色纸代用品。

　　（8）描图纸：半透明，常用于复制、晒图，宜用针管笔和马克笔作画，遇水收缩起皱。

　　（9）宣纸：有生熟之分，生宣纸吸水性强，宜作国画写意作品；熟宣纸耐水，可反复加色罩染，常用于国画工笔画，宜软笔，忌硬笔，如需硬笔画线应垫底裱托，否则易破。

　　（10）马克笔纸：多为进口，纸质厚实，光挺。

　　虽然绘图用纸选择较多，但对大部分手绘学习者或设计师来说，平时练习和设计最常用、最简便的还是普通复印纸，因为价格便宜，纸张规整平滑，使用铅笔、圆珠笔或马克笔绘制效果也不错。

　　我国采用国际纸张规格标准，以 A0、A1、A2、B1、B2 等表示纸张的幅面规格，对应的纸张及规格尺寸如表 2-1 所示。

表 2-1　纸张规格及尺寸

规格	幅宽/mm	长度/mm	规格	幅宽/mm	长度/mm
A0	841	1189	B0	1000	1414
A1	594	811	B1	707	1000
A2	420	591	B2	500	707
A3	297	120	B3	353	500
A4	210	297	B4	250	353
A5	148	210	B5	176	250
A6	105	148	B6	125	176
A7	74	105	B7	88	125
A8	52	74	B8	62	88

2.7　手绘数位板

　　手绘数位板是最近几年流行的一种手绘工具,利用数位板和电子手绘笔可以快速将手绘设计稿通过计算机和设计软件绘制出来,而且容易修改,色彩效果更佳,是一种为满足广大动漫爱好者、设计师、绘画人员等的需求而发展起来的手绘工具。这种电子手绘工具让手绘设计更人性化,其性能卓越,可以完美呈现手绘者的绘画笔迹,只需轻轻下笔绘画,无论是简单的插画元素还是复杂的产品细节都游刃有余,为设计者提供了前所未有的手绘效果体验。用手绘数位板作画如图 2-28 所示。

图 2-28　用手绘数位板作画

2.8　其他工具

　　除以上提到的手绘工具外,在手绘过程中还可能用到一些其他工具,这些工具有可能使用频率较低,但在特殊情况,特别是在绘制精细效果图时可以使绘制效果更好、更真实。这些工具有直尺、丁字尺、蛇行尺、云板、圆规、三角板、角度尺等。另外,一些专业人士在使用色粉时还会用到定型剂、刷子等工具。圆规和直尺如图 2-29 所示。用蛇形尺绘制曲线如图 2-30 所示。

图 2-29　圆规和直尺

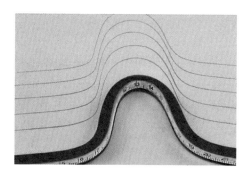

图 2-30　用蛇形尺绘制曲线

扫描二维码，观看教学视频

【思政讲堂】

【思政元素】持之以恒、坚持不懈，方能熟能生巧。

达·芬奇画鸡蛋

14 岁时，达·芬奇到佛罗伦萨拜著名艺术家弗罗基俄为师。弗罗基俄是一位很严格的老师，他给达·芬奇上的第一堂课就是画鸡蛋。达·芬奇开始画得很有兴致，但很多天过去了，老师还是让他画鸡蛋，便想不通了。他想："小小的鸡蛋，有什么好画的？为什么每天都让我画鸡蛋？"

有一次，达·芬奇问老师："为什么老是让我画鸡蛋？"老师告诉他："鸡蛋虽然普通，但天下没有绝对一样的鸡蛋。即使同一个鸡蛋，角度不同，光线不同，画出来也不一样。况且，同一个鸡蛋，你每次画出来的也不一样。因此，画鸡蛋是基本功。画笔能听从大脑的指挥，得心应手，才算功夫到家。"

达·芬奇听了老师的话，很受启发。他每天拿着鸡蛋，一丝不苟地照着画。一年，两年，三年……达·芬奇画鸡蛋用的草纸已经堆得很高了，他的艺术水平很快超过了老师，最终成为伟大的艺术家。

这个故事告诉我们：做事情千万不能浮躁，把一件事情做好是非常简单的，能够持之以恒、坚持不懈地去做，才是非常了不起的。所谓成功，其实就是坚持做，重复做，用心做简单的事情。

对于手绘技能训练，建议大家养成每天一练的好习惯，最终熟能生巧，就像达·芬奇画鸡蛋一样。看似简单的技能，只有持之以恒、坚持不懈地练习才能掌握；要想在设计的道路上成就一番事业，就要比别人花费更多的努力掌握基础技能。

 单元训练和作业

一、课题内容

熟悉常用的几种手绘工具的使用技巧，利用这些工具进行基本的绘图和上色。

二、作业要求

1．熟悉马克笔的种类及各类马克笔的使用技巧。
2．熟悉彩铅分类和彩铅的使用方法。
3．熟悉色粉的使用方法和使用步骤，以及色粉的特点。
4．用马克笔、彩铅、色粉等常用工具绘制一幅手绘效果草图。
5．用手绘数位板进行简单的手绘绘图。

第3章

手绘表现技法基础——线条

要求：熟练手绘各种基础线条（直线、曲线等）。
目标：掌握线的属性和手绘表达中的光影关系。

1. 直线、曲线绘制技巧。
2. 线的属性。
3. 光影在手绘表达中的作用，光影的基本表达关系。

3.1　基础线条

　　手绘草图是在产品设计过程中思维快速发散和收集方案的最佳方式。手绘草图的优点在于快速记录和展现设计者的想法与思路，在绘制过程中以精练、概括的线条抓住产品的结构和外观特点。利用简要线条绘制手绘草图往往是产品设计过程中的必备环节。设计师用彩铅绘制方案草图如图 3-1 和图 3-2 所示。

图 3-1　设计师用彩铅绘制方案草图（1）

图 3-2　设计师用彩铅绘制方案草图（2）

　　设计师通常运用铅笔、钢笔、针管笔、签字笔及塑料彩色圆珠笔等工具绘制线条草图，根据情况和个人习惯，每种工具的使用频率各有不同，表达效果略有差异，但基本相似。线条表现形式既可以快速生动，又可以认真严谨，丰富多变，表现力极其丰富。手绘线条草图能够加深我们对设计语言的理解，以及对空间关系的把握，还能够培养和锻炼我们对空间的概括与抽象思维能力。常用的几种画线条的笔如图3-3所示。

图3-3　常用的几种画线条的笔

在画线条时，一般铅笔使用较多，而铅笔的削法很有讲究。按照经验，最好使用2B以上级别的铅笔，如3B或4B铅笔。B前面的数字越大，铅芯越软，而铅芯软的铅笔痕迹用橡皮擦起来也比较方便，所以开始画物体轮廓的时候最好选择这种类型的铅笔。H型铅笔，由于铅芯比较硬，很容易在纸上留下划痕，不容易修改。另外，削铅笔的时候最好使用小刀，而不是卷笔刀，铅芯要削得尖尖的，利于下笔和绘制各种线条。铅笔的选择与削笔方式如图3-4所示。

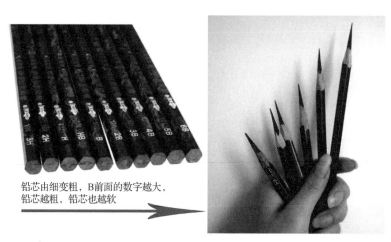

铅芯由细变粗，B前面的数字越大，
铅芯越粗，铅笔也越软

图3-4　铅笔的选择与削笔方式

3.1.1　绘制直线训练

绘制直线训练可以先从绘制一条直线开始。先画一条直线，然后再画一条，要求和第一条重合，然后画第三条，也要和前面的重合。以此类推，时间长了，自然就可以把直线及直线的拼接画好了。

接下来是绘制平行线。绘制每条都平行且没有交叉和间距大致相等的直线（线与线的间距可以自定），线要够长，画短线不利于提升手绘技能。可以找一张 A4 纸，在上面画直线，线的长度大约是 A4 纸的短边长度（21 cm），直到把整张 A4 纸画满平行线。每天训练，长此以往，就能提高绘制技能。

1. 中间重、两端轻直线

用黑色彩铅练习中间重、两端轻直线。一般笔从中间向两端来回移动一次，移动到边缘时力度变弱；或者从线的一端移动到另一端，注意在两个边缘的力度把握，需要多加练习才能游刃有余。铅笔用法一般与彩铅用法类似，绘制此类线条时基本以铅笔为主。圆珠笔、钢笔、勾线笔用法与铅笔截然不同，绘制此类线条时基本不用这几种笔。中间重、两端轻直线绘制如图 3-5 所示。图 3-6 为用中间重、两端轻直线绘制基础方块。

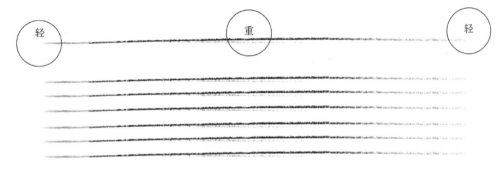

图 3-5　中间重、两端轻直线绘制

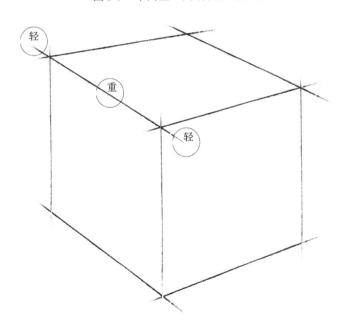

图 3-6　用中间重、两端轻直线绘制基础方块

2. 起笔重、收笔轻直线

用黑色彩铅练习起笔重、收笔轻直线，起笔时力度大，收笔时力度减弱。绘制此类线条速度要快，要稳，才能保证线的笔直。起笔重、收笔轻直线绘制如图 3-7 所示。图 3-8 为起

笔重、收笔轻线条加强产品轮廓线。

图 3-7　起笔重、收笔轻直线绘制

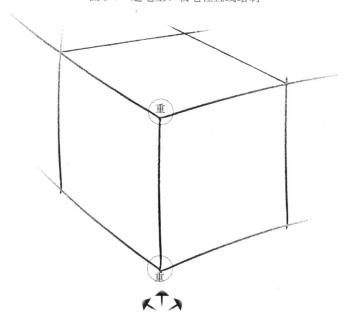

图 3-8　起笔重、收笔轻线条加强产品轮廓线

绘制直线时，手臂动，手腕不动，非常迅速地拉出去。每天坚持直线练习，直到形成肌肉记忆。

3.1.2　绘制曲线训练

如果能掌握直线绘制技艺，就可以慢慢进行绘制曲线的练习。常用的随机性曲线有三点曲线和四点曲线，多用于流线型产品及过渡曲面的绘制。

1. 绘制曲线训练方法

（1）确定线条位置：在纸面上定出曲线关键节点。

（2）确定线条轨迹：移动手臂，带动笔尖在纸面上做曲线运动，并确保笔尖通过在纸面上定出的多个节点。

（3）绘制线条轨迹：确定线条轨迹基本通过节点后，使笔尖迅速接触纸面。

练习用黑色彩铅进行三点曲线及三点曲线二维练习，如图 3-9 和图 3-10 所示。

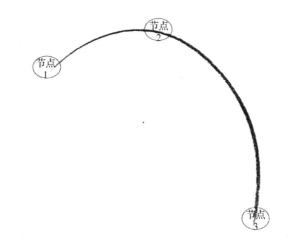

图 3-9　三点曲线练习

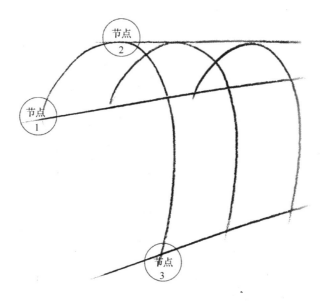

图 3-10　三点曲线二维练习

2. 绘制曲线注意事项

（1）不要把作业当成任务，注意心态。从量变到质变，保质保量，而不是单纯追求数量。

（2）握笔方式准确，力度要把握好，精神放松。注意握笔的角度，铅笔要卡在虎口部位，保持不动。保持运动惯性，不要停顿。

（3）可以用画排线的方式训练绘制曲线，但线条的间隔不要太大，如图 3-11 所示。

（4）画轻比画重好，画细比画粗好；开始可以轻轻画，最后可以描重。

（5）变化角度去画曲线；长时间训练，坚持不懈。

图 3-11　用画排线的方式训练绘制曲线

3.1.3　线的属性

　　在产品手绘表现中，线条的属性是不同的。说得通俗点就是，线条也有各自的特点，由其所起的作用决定。因此，线条有不同的分类，并有不同的属性和处理原则。根据线条表达的轻重，可以将线条分为轮廓线、分型线、结构线、剖面线。在这些线条中，轮廓线最重，分型线第二重，剖面线第三重，结构线最轻，如图 3-12 所示。

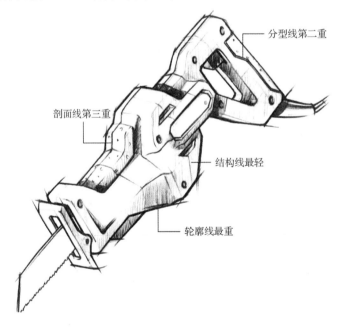

图 3-12　线条属性规则

1. 轮廓线

　　轮廓线又叫"外部线条"，指物体的外边缘界限。形体发生转折和交线处的线条都是轮廓线。轮廓线的颜色最重，如图 3-13 所示。

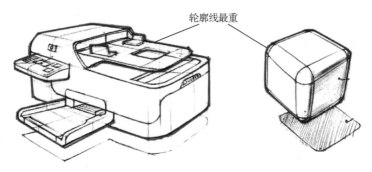

图 3-13　轮廓线（红色部分）

2. 分型线

分型线指因工业产品生产拆件的需要（开模需要），壳料间拼接产生的缝隙线。部件与部件咬合处的线条就是分型线，其分界真实存在于产品形态表面，其变化随产品形态的透视角度的变化而变化。分型线的颜色第二重，如图 3-14 所示。

3. 结构线

结构线指工业产品各组件自身，因面与面之间发生转折与形体变化形成的形体转折分界线。这种转折与形体变化真实存在于产品形态表面，也是决定产品形态的骨架，随透视角度的变化而变化。结构线的颜色第三重，如图 3-15 所示。

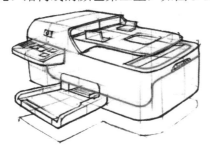

图 3-14　分型线（蓝色部分）　　　　　图 3-15　结构线（蓝色部分）

4. 剖面线

剖面线是为了更好地说明产品的结构与形态而绘制的，一般在正中间，左右对称。剖面线可以让人直观地理解形体的面是凹下去的还是凸起来的，让人读懂形体。

同样的轮廓线，因为剖面线不同，所以表达的形体也不同，如图 3-16 所示。

图 3-16　剖面线（红色部分）

扫描二维码，观看"基础线条"教学视频

3.2 光影塑造

在绘画艺术中，能够看到固有色是因为有光在作用，有光才有色，所以绘画必须搞清楚光影的情况。在绘画中表现最亮的点被称作高光；当光线被物体挡住时，四周有光中间无光的形象就是影。有光无影的产品就没有立体感。因此，绘画中的光影可以用明暗来表达和展现。我们通常把受光对象分为五个明暗调子，即高光、中间色、背光、反光与投影，正是体现了光影的表现特点。

3.2.1 光影作用

在画面中，光影效果可以用来表现立体感、质感、透视等关系。光影因素具有较强的画面表现力。图 3-17 和图 3-18 是工业产品手绘草图中无光影与有光影的效果对比。

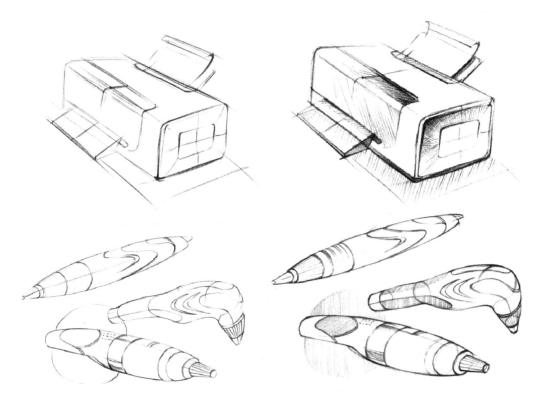

图 3-17　光影对比范例（1）（左为无光影，右为有光影）

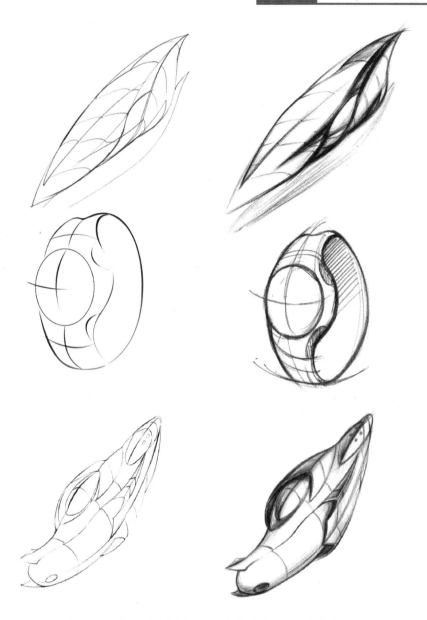

图 3-18　光影对比范例（2）（左为无光影，右为有光影）

　　画了光影后，作品就有一种真实感和立体感。在生活中，光使物体呈现出形体和色彩，而且随着光照的角度和强弱的不同，视觉效果也会发生变化。光影在绘画中可以很好地烘托氛围及物体的质感，可以让画中的物体在形体塑造方面更有层次感、体积感、空间感和质量感，因此具有逼真的效果。在气氛渲染方面，通过运用不同色彩的光影，可以让作品更具有艺术感染力。反之，不画光影的话，画面就会缺乏生气。对于后期手绘效果图上色而言，掌握光影规律，上色将变得非常简单。

3.2.2　光影画法

　　光影画法有很多，在手绘作品中一般用排线表现光影。下面进行各方向排线的光影练习，如图 3-19 所示。

在掌握了光影的基本画法后，接下来将结合基本几何形体的光影效果来形象说明光影对于产品形体塑造的作用，如图3-20所示。

图3-19　各方向排线的光影练习　　　　　　　图3-20　几何形体的光影效果

一般表达物体的光影时，首先要判断光的性质和走向，然后判断物体不同部位的亮暗区分。光直接照射的部位一般通过留白处理，光未直接照射但影响到的地方一般呈现物体的本色，而光照不到的地方属于暗区，暗区和物体的影子会在同一侧。另外，物体影子的形状是由一个物体的形状和光的照射角度决定的。光线分自然光（阳光）和人造光，一般可以认为阳光是光线平行照射的，而人造光是点光源，所以这两种光呈现的物体的影子肯定是有大小甚至形状区别的。

光照射物体呈现的光影区别和影子形状如图3-21所示。

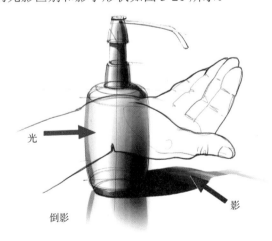

图3-21　光照射物体呈现的光影区别和影子形状

3.3　线条基础训练临摹练习

绘制线条基本功的练习主要是为了提高手眼配合能力，通过大脑控制手指，准确地将脑中的意念绘制出来。设计师必须有一定的素描基础，对物体的透视、比例等有一定的把握，在绘制线条基本功的练习中才能够得心应手。

3.3.1　绘制直线基本功练习

按图 3-22 所示方式进行绘制直线练习。

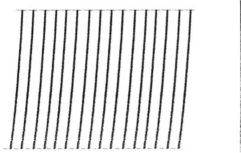

图 3-22　绘制直线练习方式

绘制直线是手绘的基础技能，所有的艺术和设计表现技法都要过直线这一关。

绘制直线要把握以下几个要点。

（1）用缓慢的气息画出用力均匀的长线条，线条要气势流畅，忌断线。用悬腕来完成长线条的绘制。

（2）画出不同方向的直线。线条可以交叉。线条尽量长一些。

（3）利用线条交叉组合，画出简单的形体。注意：交叉点处一定要闭合，可以画出线头来保证框架的稳定。

（4）参考一些复杂的形体，先画出大体框架，再逐步画出内部的细节线条。注意：线条要有疏有密，快慢结合在一起。一般来说，形体的外轮廓直线速度慢、力度大。

图 3-23 为用直线绘制产品练习。绘制直线练习如图 3-24 所示。

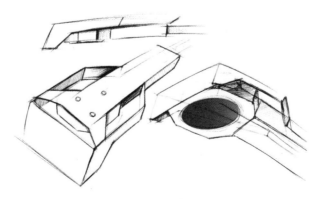

图 3-23　用直线绘制产品练习（马黎　绘）

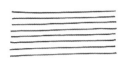
1. 水平直线练习

2. 各方向直线练习

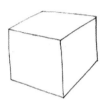
3. 立方体练习

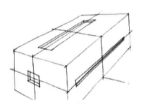
4. 复杂立方体练习

图 3-24　绘制直线练习

3.3.2　绘制曲线基本功练习

按图 3-25 所示方式在 A3 纸上绘制曲线，进行绘制曲线基本功练习。

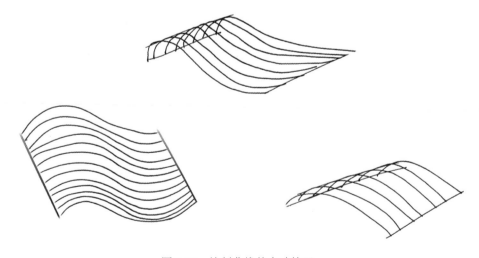

图 3-25　绘制曲线基本功练习

图 3-26 为用曲线绘制产品练习。

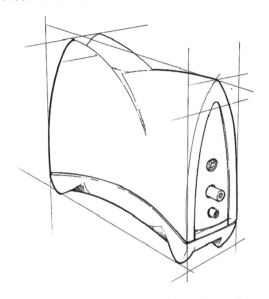

图 3-26　用曲线绘制产品练习（赵军 绘）

3.3.3　绘制圆形基本功练习

圆形包括正圆和椭圆，按图 3-27 所示方式在 A3 纸上绘制圆形，进行绘制圆形基本功练习。

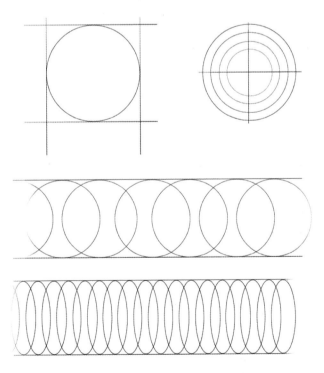

图 3-27　绘制圆形基本功练习

绘制圆形在手绘基础练习中是最难的，想一笔画出一个很圆的圆形是需要很长时间的练习才能做到的。图 3-28 为绘制圆形的各种练习。

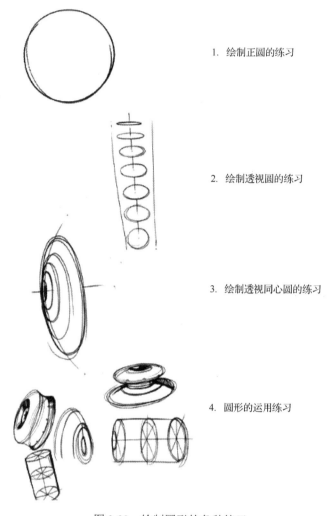

1. 绘制正圆的练习

2. 绘制透视圆的练习

3. 绘制透视同心圆的练习

4. 圆形的运用练习

图 3-28　绘制圆形的各种练习

（1）绘制正圆的练习，就是多画圈。

（2）绘制透视圆的练习。手绘产品草图时绘制圆形，又快又准是关键。

（3）绘制透视同心圆的练习。有了上面的基础，绘制同心圆就很容易了，一个套一个地画，可以观察照相机的镜头进行练习，更有效果。

（4）圆形的运用练习。随意用各种大小和透视关系的圆去做练习，画出自己想画出的图形或者产品。在这个过程中，巩固对圆形绘制的把握能力。

图 3-29 为绘制圆形产品练习。

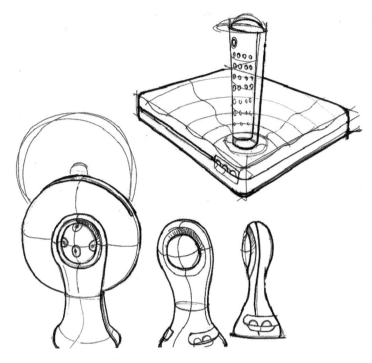

图 3-29 绘制圆形产品练习（赵军 绘）

图 3-30 为绘制套圆产品练习。

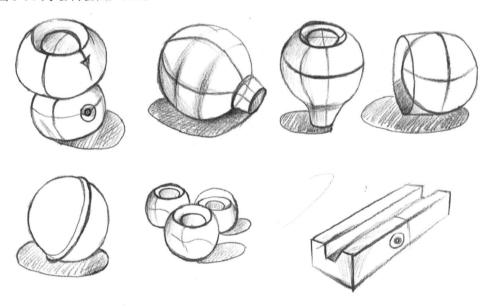

图 3-30 绘制套圆产品练习（赵军 绘）

3.3.4 线条综合画法临摹素材

按图 3-31～图 3-44 的形式进行绘制各种线条的练习。

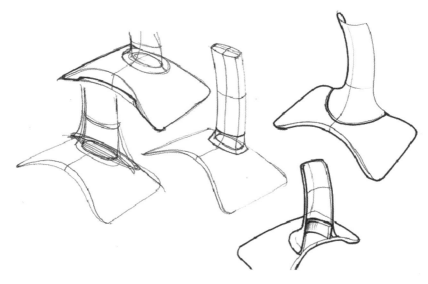

图 3-31　电子产品底座线条练习（赵军 绘）

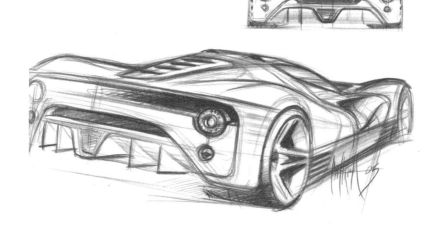

图 3-32　红色彩铅汽车线条练习（马黎 临）

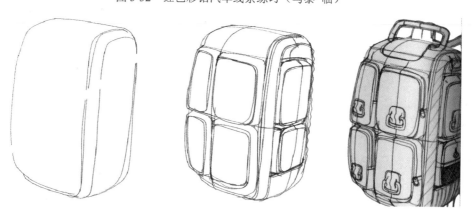

图 3-33　背包线稿练习与步骤分解（赵军、翁浩吉 绘）

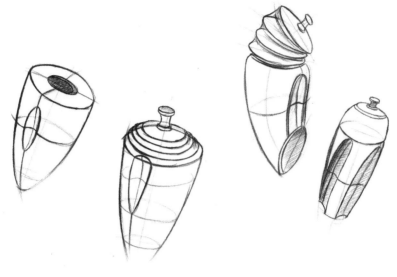

图 3-34　线条练习与光影简单表现（马黎　绘）

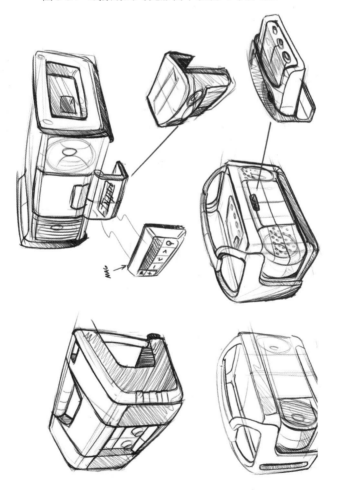

图 3-35　录音机线稿与光影表现（赵军　绘）

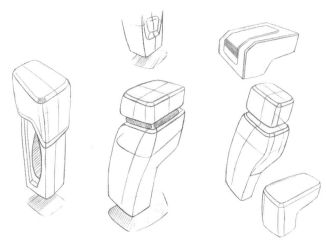

图 3-36　剃须刀线稿框架练习（赵军　绘）

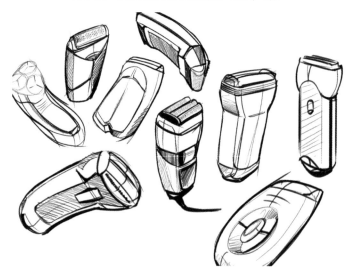

图 3-37　剃须刀光影训练（俞琦婷、赵军　绘）

图 3-38　光影训练（赵军　绘）

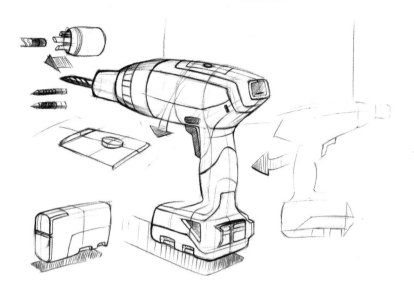

图 3-39   手持电钻线稿与光影表现（赵军　绘）

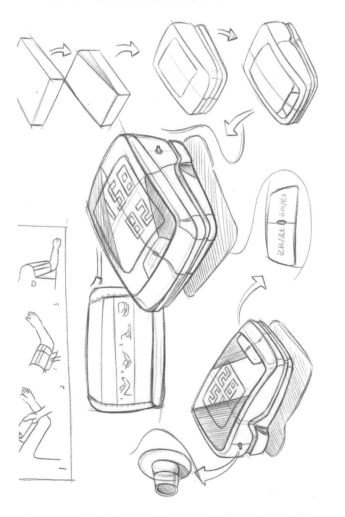

图 3-40   家用血压计线稿与光影表现（俞琦婷、赵军　绘）

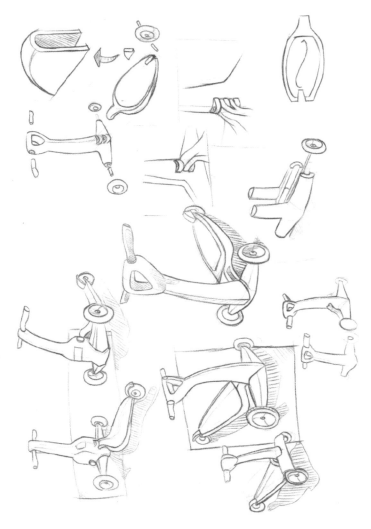

图 3-41　儿童滑板车线稿与光影表现（章洁冰、赵军 绘）

图 3-42　热水壶线稿与光影表现（赵军 绘）

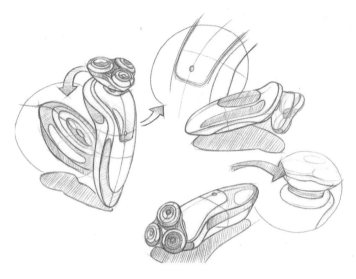

图 3-43　剃须刀线稿与光影表现（赵军　绘）

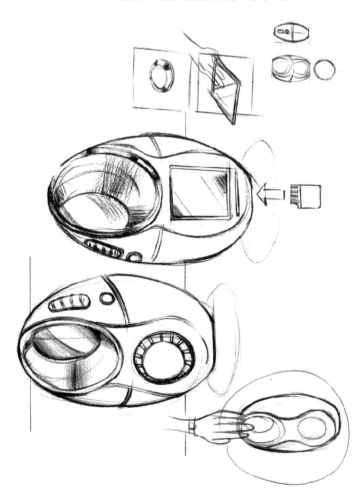

图 3-44　音乐播放器线稿与光影表现（马黎　绘）

【思政讲堂】

【思政元素】团队协作精神。

华为的狼性文化

华为，一个创造众多奇迹的高新科技企业，一个让国人敬仰的国货之光品牌。在过去的几年，华为因为掌握了通信领域的众多最新核心技术而被西方国家"封杀"和围堵。华为遭遇芯片短缺、材料供应不足等众多挫折，但依靠强大的创新研发能力实现芯片自研自产自足，产品营收不断创新高，在国内民企中一直处于被仰望的地位。

为什么华为在困境中依然取得如此巨大的成就呢？原因有很多，不过很多人都觉得，这是因为华为内部的狼性文化在起作用。

所谓狼性文化，指的是拥有狼一样的野性、狼一样的拼搏精神，坚定目标，而且坚持不懈，永无止境地去拼搏。

华为的狼性文化主要具有三个要素：敏感性、团队性和意志力。这三点恰恰是狼群具有的最难能可贵的精神。狼在野外恶劣的环境中生存，能够不断发展壮大、称霸荒野，靠的就是狼群的团队协作能力。华为从狼群中领悟到了这种精神，在企业的发展过程中勇于实践，极大地促进了自身的发展。华为靠敏感性迅速地抓住市场，留住客户，研发技术；靠团队性提高内部人员的团结合作精神；靠不屈不挠的意志力让员工变得更强。

在设计师生涯中，设计从来不是一个人的工作，靠的是通过团队协作来集思广益。每个设计师都有自己擅长的专业领域，不可能规划和设计出所有的项目。设计的本质是创新，创新思想需要头脑风暴，需要团队合作。每位设计师将自己的见解融入团队思想中，团队一起进行观念碰撞、思想磨合，并提炼升华，这样就能实现有创意的设计。

 **单元训练和作业**

一、课题内容

1. 熟练掌握直线、曲线等各种线条的绘制技巧。
2. 熟悉手绘效果图中的光影表达关系。

二、作业要求

1. 绘制直线的训练：在A4纸上绘制两个点，然后利用直线连接，直至将A4纸绘满。共绘制5张A4纸。
2. 熟悉绘制曲线的注意事项。
3. 绘制曲线的训练：在A4纸上先绘制三个点，然后利用曲线绘制方法连接，直至将A4纸绘满。共绘制5张A4纸。
4. 绘制图3-45所示的飞利浦电子产品手绘效果图线稿，然后标出各种线条的类型。

图 3-45　飞利浦电子产品

第 4 章

透视基础

学习目标

要求： 了解透视原理和表现种类、形式。

目标： 掌握一点、两点与三点透视的基本表现方法，能够根据透视原理绘制正确的产品设计效果图。

学习要点

1. 透视的种类及各自特点；各种透视应用的范围。
2. 一点、两点与三点透视图的绘制方法。

4.1　透视基础知识

透视指在平面或曲面上描绘物体的空间关系的方法或技术。在日常生活中，我们往往会看到很多透视现象，如街道两旁的电杆、树木、建筑物与火车铁轨等。它们都有共同特点，即近大远小、近疏远密、近宽远窄、近实远虚。

1. 近大远小

两个体积相同的物体，一个在眼前，另一个在 50 m 外，近处的物体一定比远处的物体显得大。根据透视的基本原则，等高物体距离人的视点越近感觉越高，反之越低。将物体有规律地摆放后，物体上的平行直线与视点会产生夹角并消失于一点，这叫作透视的消失感。

2. 近疏远密

等距离的物体距离与人的视点越近感觉越疏，反之越密。

3. 近宽远窄

在立方体透视图中，近处的边比远处的边宽，其他物体也是如此。例如，站在铁路中间往远处看去，铁路会显得越来越窄。

4. 近实远虚

同一物体，近距离看清楚，远距离看不清楚，有些模糊。

任何物体在绘画中都要符合透视规律，如图 4-1 所示。

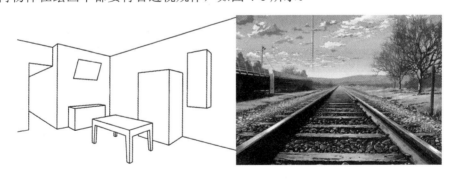

图 4-1　任何物体在绘画中都要符合透视规律

透视与手绘效果图的表现密切相关，直接影响整个产品甚至空间的尺寸比例及纵深感觉。

★ 提示：

透视有以下基本术语。

（1）透视图：将看到的或设想的物体、人物等，依照透视规律在某种媒介物上表现出来，所得的图叫透视图。

（2）心点（VC）：指视轴与透视平面的交点，位于视点正前方。

（3）视平线：由视点向左右延伸的水平线。

（4）天点：近高远低的倾斜物体，消失在视平线以上的点。

（5）地点：近高远低的倾斜物体，消失在视平线以下的点。

（6）消失点（灭点）：透视画面上体现变线消失方向的点。

4.2 透视的种类

透视一般分为一点透视、两点透视和三点透视，在手绘产品设计表达中，两点透视和三点透视应用较多；而像室内设计等领域，由于场景较大，透视较为抽象，难以把握，因此一点透视和两点透视使用得较多。

4.2.1 一点透视

一点透视：物体的两组线，一组平行于画面，另一组垂直于画面，聚集于一个消失点。一点透视也称平行透视，是最常用的透视形式，也是最基本的作图形式之一，如图4-2所示。下面以立方体为例说明。

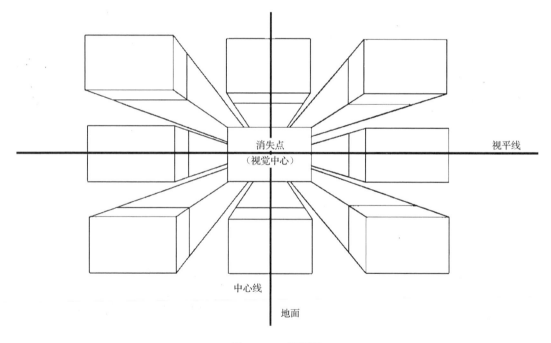

图 4-2　一点透视

（1）立方体前后两个面与视者的两只眼睛处于平行状态，顶与底面和地面平行。消失点在视平线上，凡是物体居于视平线上方任何一点，都比人的眼睛高，反之比眼睛低。

（2）立方体的各条指向画面深处的边线，都统一消失在一个消失点上，就是视觉中心。

立方体属于正六面体，在一点透视中最少看见一个面，最多看见三个面，具体能看见几个面取决于消失点的位置。绘制正方体用到的线有水平线、垂直线和消失线。三组边线的透视方向是：两组各四条边与画面平行，不消失；有四条边与画面垂直，这四条边向视觉中心点消失。图4-3为只能看见正方体一个面的一点透视。图4-4为能看见正方体三个面的一点透视。

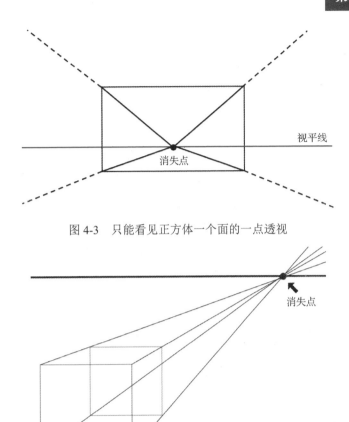

图 4-3　只能看见正方体一个面的一点透视

图 4-4　能看见正方体三个面的一点透视

★ 提示：

记住一点透视的基本特征（以立方体为例）。

（1）立方体前后两个面与视者的两只眼睛处于平行状态，顶与底面和地面平行。

（2）立方体的各条指向画面深处的边线都统一消失在视觉中心，即消失点。视觉中心=消失点。

（3）不论在什么位置，只要立方体有一个面与画面平行，就和视点画面构成一点透视关系。

图 4-5 为电话机一点透视与消失点分析。图 4-6 为电视机一点透视。

图 4-5　电话机一点透视与消失点分析

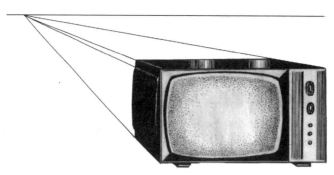

图 4-6　电视机一点透视

4.2.2　两点透视

　　两点透视又称成角透视，是一种效果比较真实，最富有立体感、最生动的透视表现方法，是景物纵深与视中线呈一定角度的透视，景物纵深因为与视中线不平行而向主点两侧的消失点消失，如图 4-7 所示。两点透视画面中有两个方向的消失点，如图 4-8 所示。在现实空间中，两点透视是最常见的形式，是在手绘技法中应用最多的透视类型。

　　两点透视有以下特征。

　　（1）物体两个面向上，相应的面和视角成一定的角度。

　　（2）所有垂直方向的线条都是垂直的，没有变化，如图 4-8 所示，左三条和右三条透视线分别相交，消失于两侧的消失点。

　　（3）在图 4-8 中，在立方体中垂直的三条线，中间的最长，两边的相应缩短，符合透视规律。

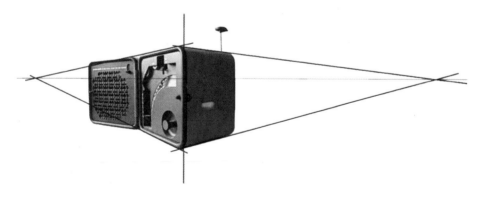

图 4-7　产品两点透视

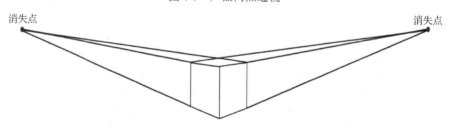

图 4-8　两点透视画面中有两个方向的消失点

　　视角不同，物体成像会有差异，如图 4-9 所示。消失点在视平线上，凡是物体居于视平线上方任何一点，都比人的眼睛高，反之比人的眼睛低。因此，在绘图时，当人眼以仰视状态看物体时，物体将处于视平线上方；当人眼以俯视状态看物体时，物体处于视平线下方；当平视时，物体位于视平线两侧。人的视线不同导致物体成像位置不同，如图 4-10 所示。

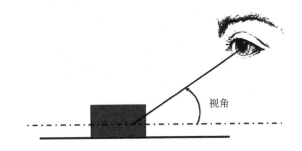

图 4-9　视角不同，物体成像会有差异

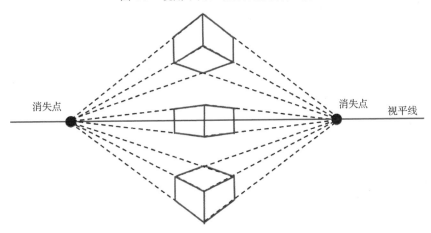

图 4-10　人的视线不同导致物体成像位置不同

图 4-11 为汽车两点透视消失点分析。

图 4-11　汽车两点透视消失点分析

图 4-12 为利用两点透视手绘的产品设计效果图。

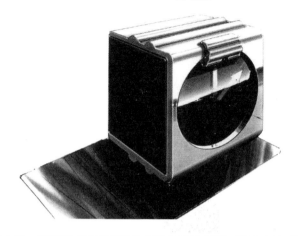

图 4-12　利用两点透视手绘的产品设计效果图（清水吉治 绘）

4.2.3　圆透视

现代产品设计多为曲面与直面相结合，而流线型产品居多。

圆形透视的画法是：先画一个立方体透视图，正面画出两条对角线，再画两条对角线相交的四个点，共八个点，将八个点连接成圆。

在圆形透视图中，距视者近的半圆大，距视者远的半圆小，曲线要均匀自然，两端不能画得太尖或太圆。

图 4-13 为水平面上的圆透视。

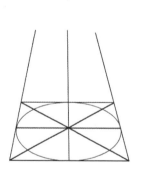
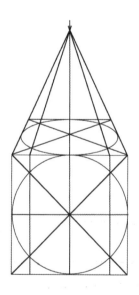

图 4-13　水平面上的圆透视

下面是画圆形物体的方法。

（1）画出物体高和宽的比例。

（2）根据回旋组合体的规律，画出中轴线与对称点的平行线，画出物体外形特征。

（3）在每条平行线上标出近大远小的点，画出圆形的透视图，如图 4-14 所示。

（4）调整线条的近实远虚的关系。

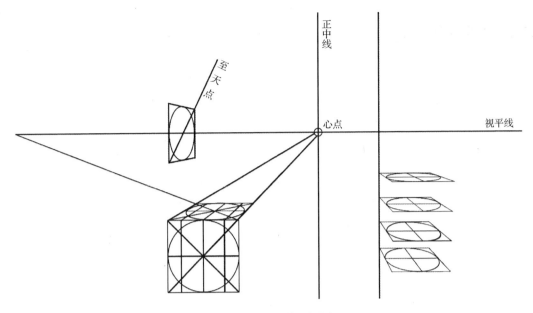

图 4-14　圆形的透视图

4.3　透视基础临摹练习

　　线条和透视是手绘效果图表现的基础环节，通常以手绘草图或设计速写作为训练方式进行练习。

4.3.1　一点透视练习

　　图 4-15 为立方体处于不同的视觉位置产生的一点透视效果图,请按图中所示方式进行一点透视效果图练习。

图 4-15　一点透视记忆训练

4.3.2 两点透视练习

图 4-16 为立方体处于不同的视觉位置产生的两点透视效果图，请按图中所示方式进行两点透视图绘制练习。

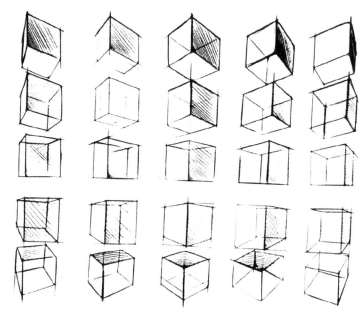

图 4-16 两点透视记忆训练

4.3.3 形体透视拓展练习

在二维画纸上表达三维立体效果，对于产品的空间表达是必不可少的。空间表达不仅可以通过透视技法实现，还可以通过以明暗、浓淡、虚实来表示产品的空间关系，以线条粗细对比、线条前后穿插等视觉感觉来实现。

图 4-17～图 4-19 为形体拉伸透视练习。请根据某个物体截面图进行形体拉伸透视训练，要求有过程图，以及前 45 度和后 45 度两个角度。

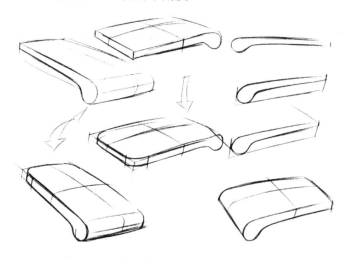

图 4-17 形体拉伸透视练习（1）（赵军 绘）

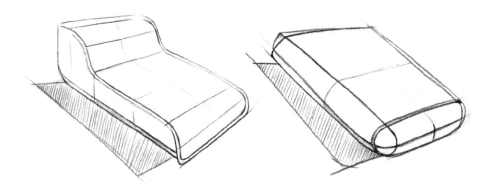

图 4-18　形体拉伸透视练习（2）（赵军　绘）

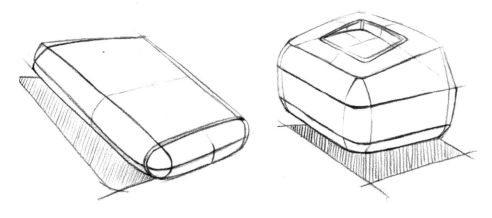

图 4-19　形体拉伸透视练习（3）（赵军　绘）

图 4-20～图 4-22 为形体透视拓展练习。

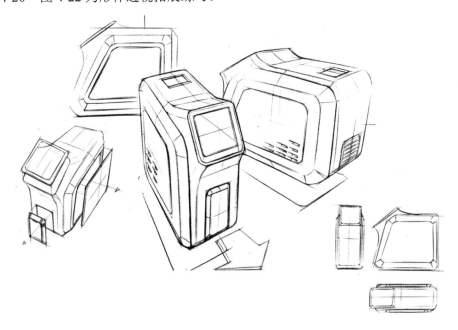

图 4-20　形体透视拓展练习（1）（赵军　绘）

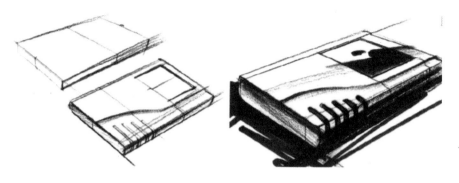

图 4-21 形体透视拓展练习（2）（陶一峰 绘）

图 4-22 形体透视拓展练习（3）（马黎 绘）

扫描二维码，观看"透视基础"教学视频

【思政讲堂】

【思政元素】 创新意识，文化传承。

比亚迪汽车——腾飞的中国龙

在很长一段时间内，用 20 万元左右的预算买汽车，还要求好用好开、稳重大气，大家可能都会直接想到日系汽车。随着新能源汽车的普及，我国自主品牌汽车的市场占有率一路飙升，甚至占据国内汽车市场的半壁江山，在汽车行业竞争中成功逆袭。我们现在可以大胆地说，中国汽车已经全面崛起，中国汽车品牌已经成为市场主流。在这股国产汽车崛起的浪潮中，出现了一款堪称标杆的豪华车型，它就是比亚迪汉。

比亚迪自 2022 年 3 月起停止燃油汽车的生产，成为世界上第一个宣布停产燃油车的传统车企。比亚迪之所以有勇气这么做，靠的是一直注重研发和自主创新。比亚迪始终坚持"技术为王，创新为本"的发展理念，凭借研发实力和创新发展模式，获得了全面的发展。刀片电池技术、DIM 超级混合动力技术让它在汽车电池领域遥遥领先；自主研发的电控、电机技术更是保障了汽车的稳定性和动力输出，让比亚迪的汽车好用、好开，一路走红，长期霸占汽车销量榜冠军。

比亚迪汉前脸设计有"龙须"，矩阵式 LED 车灯如栩栩如生的"龙眼"，贯穿式尾灯设计有"龙爪"，座椅上有"龙鳞"，无处不在的中国龙元素的应用，让这款车既有美感，又有内涵。

在产品设计中，我们要善于挖掘传统的民族文化和传统艺术元素。众多的古代建筑、家具、器皿都可以为我们提供设计灵感，让传统艺术与现代设计融为一体，设计出符合国人视觉审美的经典中国风产品。

单元训练和作业

一、课题内容

熟练掌握各种透视的原理及表达方法。

二、作业要求

1. 利用一点透视绘制一幅电视机手绘效果图。
2. 利用两点透视绘制图 4-23 所示的三维打印机的手绘效果图。

图 4-23　三维打印机

第 5 章

马克笔技法与上色技巧

要求: 了解并掌握色彩基础知识与马克笔上色技巧。

目标: 运用本章所学知识,能够熟练表达产品造型并用马克笔上色。

学习要点

1. 设计色彩的主要特性。
2. 马克笔属性、常用色与常用笔触。
3. 马克笔明暗关系表达方法。
4. 马克笔色粉混合使用技巧。

5.1　马克笔手绘常用色

在学习产品手绘上色之前，对产品手绘色彩的常用色的了解和掌握是非常有必要的，这样有利于对上色技巧的学习和后期对效果图的处理。不同品牌的马克笔色彩稍有差异，但差别不大，在选购马克笔时要根据自己的常用色系购买。

对于初学者，建议购买标准色或产品设计常用色，有 24 色套装、36 色套装、48 色套装和 60 色套装，购买者以 48 色和 60 色套装居多。图 5-1 为产品设计常用标准 60 色色卡。

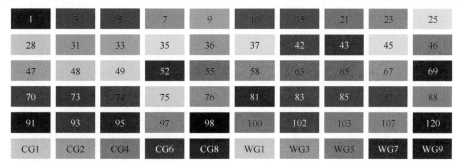

图 5-1　产品设计常用标准 60 色色卡

5.2　马克笔上色技法

5.2.1　马克笔排线技法

马克笔的色彩较为透明，通过笔触间的叠加可以产生丰富的色彩变化，但不宜过多重复，否则将产生"脏""灰"等不好的效果。

着色顺序是先浅后深，笔触明显，线条刚直，讲究留白，注重用笔的次序，切忌用笔琐碎、凌乱。

马克笔一般被用来勾勒轮廓线和铺排上色，笔头呈方形，使用时有方向性。一般用笔头较宽的一面画出肯定的笔触。上色时，笔头与纸张呈 45 度斜角。

马克笔排线画法如图 5-2 和图 5-3 所示。

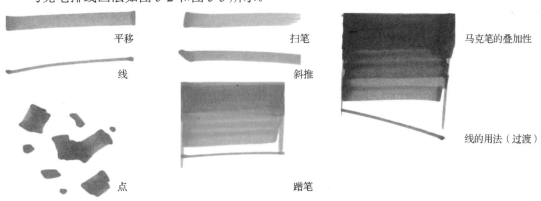

图 5-2　马克笔排线画法（1）

图 5-3　马克笔排线画法（2）

同色系重叠和同色系渐变使用方法如图 5-4 所示。

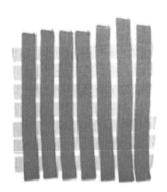

图 5-4　同色系重叠和同色系渐变使用方法

异色系重叠和渐变使用方法如图 5-5 所示。

图 5-5　异色系重叠和渐变使用方法

马克笔上色技法如图 5-6 所示。

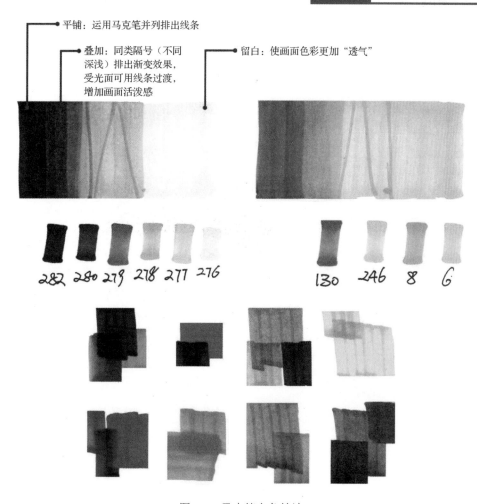

平铺：运用马克笔并列排出线条

叠加：同类隔号（不同深浅）排出渐变效果，受光面可用线条过渡，增加画面活泼感

留白：使画面色彩更加"透气"

图 5-6　马克笔上色技法

扫描二维码，观看"马克笔笔触训练"教学视频

5.2.2　马克笔手绘技法

1. 单色练习

先用冷灰色或暖灰色的马克笔将图中基本的明暗调子画出来，然后施加某个主色彩就可以达到表达效果。

在运笔过程中，用笔的次数不宜过多。在第一层颜色干透后，再上第二层颜色，而且要准确、快速，否则色彩会渗出而变成混浊状，没有了马克笔作品透明和干净的特点。

用马克笔表现时，笔触大多数以排线为主，所以有规律地组织线条的方向和疏密，有利于形成统一的画面风格。

马克笔不具有较强的覆盖性，淡色无法覆盖深色。因此，在效果图上色的过程中，应该先上浅色，然后覆盖较深的颜色。色彩之间应该和谐，忌用过于鲜亮的颜色，以中性色调为宜。

单纯用马克笔作画难免会有不足之处，所以，应将马克笔与彩铅、水彩等工具结合使用。有时用酒精调和马克笔作品，会出现神奇的效果。

图 5-7 为多士炉马克笔背景上色训练。

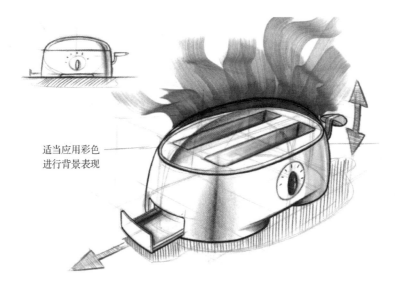

图 5-7　多士炉马克笔背景上色训练

图 5-8 为榨汁机马克笔简单上色训练。

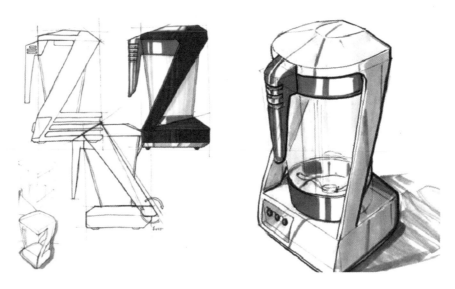

图 5-8　榨汁机马克笔简单上色训练（赵军 绘）

图 5-9 为马克笔单彩色+黑白灰练习——汽车挡位。

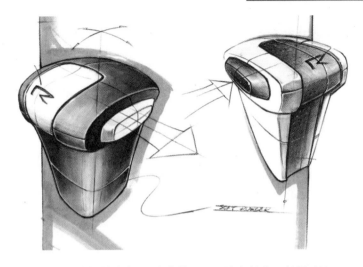

图 5-9　马克笔单彩色+黑白灰练习——汽车挡位（赵军 绘）

图 5-10 和图 5-11 为马克笔简单着色，用色粉表达明暗效果，注意其中的高光表达。

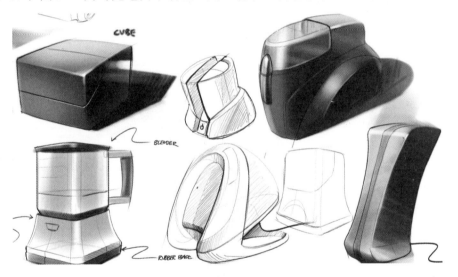

图 5-10　马克笔简单着色，用色粉表达明暗效果（1）（赵军 绘）

用黑色或灰色马克笔填涂　　　　　用灰色色粉简单涂抹

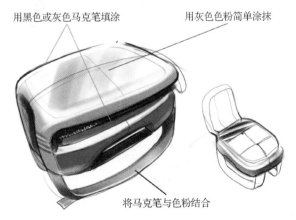

将马克笔与色粉结合

图 5-11　马克笔简单着色，用色粉表达明暗效果（2）（赵军 绘）

2. 马克笔上色步骤及要点

（1）绘制产品形态，确定基本明暗关系。对于一些暗部区域，可以提前用黑色彩铅加暗处理。

（2）绘制产品主色，把产品的主色稍微上一些，不需太多、太重，只要能体现出主色效果即可。然后，绘制产品暗面，以及勾勒黑色线条。

（3）用灰色处理明暗关系，注意连贯性；并用彩色进一步加重明暗关系，体现产品的主色效果。

（4）修整和处理暗部细节，对一些细节用勾线笔进一步细致勾画。

5.2.3 马克笔上色案例

案例一：MP3 音乐播放器

绘制 MP3 音乐播放器的步骤如图 5-12～图 5-15 所示。

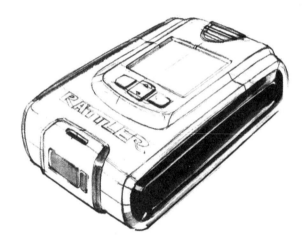

图 5-12　绘制形态和确定明暗关系（赵军 绘）

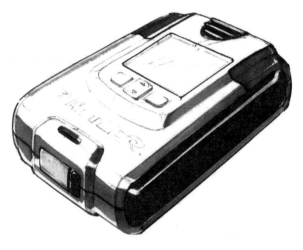

图 5-13　绘制产品主色，绘制暗面（赵军 绘）

图 5-14   用灰色处理明暗关系（赵军 绘）

图 5-15   修整和处理暗部细节（赵军 绘）

上色过程基本按"线图—简单明暗关系处理—彩色上色—进一步处理明暗关系—用彩色加重明暗关系—修饰细节"的过程进行。线图非常重要，要保证线条的流畅性，整体透视要准。

案例二：电子音乐播放器

（1）准备。要想画出一幅成功的渲染图，前期的准备必不可少。

（2）草图。草图阶段主要解决两个问题，即构图和色调。构图是一幅渲染图成功的基础，不重视画面构图，画到一半就会发现毛病越来越多，大大影响作画的心情，最后效果自然不会好。

（3）正稿。在这一阶段，没有太多的技巧可言，完全是基本功的体现。关键是如何把混淆不清的线条区分开来，形成一幅主次分明、趣味性强的钢笔画。

（4）上色。上色是最关键的一步，应按照产品的结构上色。

（5）调整。这个阶段主要对局部进行修改，统一色调，对物体的质感进行深入的刻画。绘制电子音乐播放器的步骤如图 5-16～图 5-18 所示。

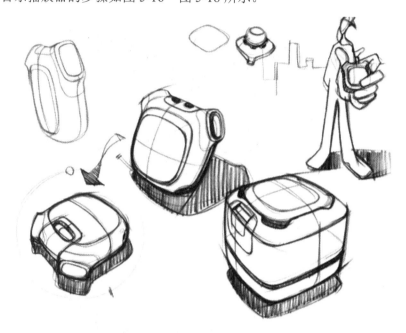

图 5-16　草图线稿，加必要的暗部与阴影（赵军、陶一峰 绘）

图 5-17　正稿上色，进一步处理暗部，主次分明（赵军、陶一峰 绘）

图 5-18 加深色彩，刻画细节（赵军、陶一峰 绘）

案例三：婴儿学步车

婴儿学步车主要是为婴儿学走路设计的。学步带增加了调节高度的功能，使其适合不同身高的婴儿。轮胎采用包轮设计，更加安全。手把处设置控制学步带的按钮，让家长可以随时控制松紧度。此款婴儿学步车主要针对的消费人群是一般家庭。

（1）先了解学步车的外形结构，然后用流畅的线条刻画出学步车的外形结构，注意外形一定要刻画准确，如图 5-19 所示。

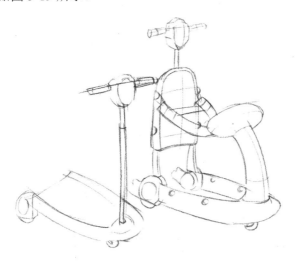

图 5-19 简单线图（赵军、陶一峰 绘）

（2）继续刻画学步车的细节。将车上所有细节都刻画到位，这样就方便后面的上色环节。大的外形和结构都刻画完以后，重新把外形勾画一遍，区别线的属性，可适当描绘出明暗关系，如图 5-20 所示。

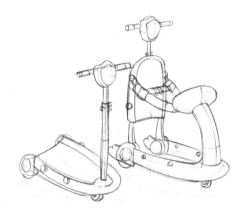

图 5-20　勾画外形，刻画细节并描绘出明暗关系（赵军、陶一峰 绘）

（3）线稿完成后，开始简单描绘产品的色彩属性，主要刻画产品的质感，塑造出光亮的感觉，如图 5-21 所示。

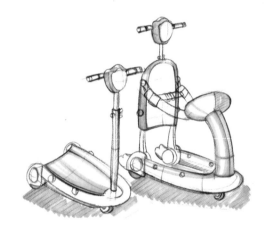

图 5-21　描绘产品的色彩属性（赵军、陶一峰 绘）

（4）继续深入刻画产品的明暗表现，注意产品的塑料质感，如图 5-22 所示。

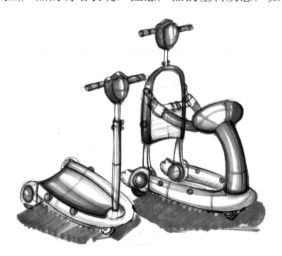

图 5-22　刻画产品的明暗表现（赵军、陶一峰 绘）

（5）最终设计产品展示效果图。利用三维软件与 Photoshop 绘制产品展示效果图，对产品进行全面细致的说明，让人能够清晰地了解产品设计，如图 5-23 所示。

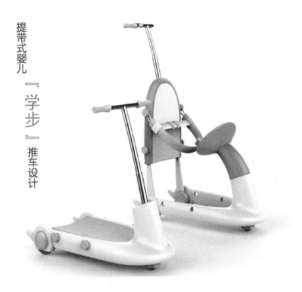

图 5-23　产品展示效果图（赵军、陶一峰 绘）

5.3　手绘效果图的明暗关系

5.3.1　明暗关系的处理

常见形体的明暗关系，如图 5-24 和图 5-25 所示。

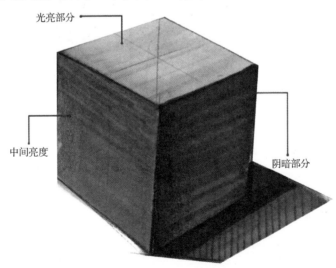

图 5-24　立方体的明暗关系

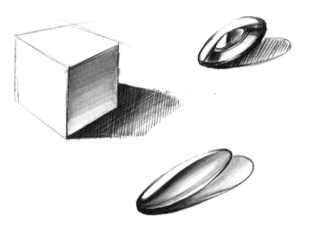

图 5-25　立方体与圆形物体的明暗关系

　　设计师应该把握光线方向，找出产品的明暗分界线。一般来说，暗部都是最小的面，从明暗分界线开始，用马克笔粗而平的笔芯部分进行绘制，逐步退晕；在离分界线最远处留白，将其作为反光部分，反光部分的大小取决于材质。根据产品材质、光线、圆（直）角的情况，注意颜色轻重深浅变化。图 5-26 为教师进行手绘示范。

图 5-26　教师进行手绘示范

1. 对尖锐角面的处理

切忌将画面画得过死，学会留白，用交错的笔触画出透明生动的面。

2. 对倒角面的处理

明确光线来源，在倒角半弧处偏下的位置扭转落笔，下笔要准。

3. 对曲面的处理

确定光源，根据明暗变化的特征和转折关系将暗部迅速画出，然后用叠加方法画出物体的厚重感。

★ **提示：**

绘制产品效果图时最好确定一个固定的光线入射方向，这样可以很好地掌握画面物体的明暗变化。

（1）物体形状不同，明暗分界线的形状也不同。

（2）物体和光线位置不同，明暗分界线的位置也会发生变化。

图 5-27 和图 5-28 为常见形体明暗关系处理练习。

图 5-27　常见形体明暗关系处理练习（1）（马黎 绘）

图 5-28　常见形体明暗关系处理练习（2）（赵军 绘）

对于产品手绘的明暗关系把握，一定要对光影关系有一定的了解。绘制产品手绘图要有一定的宏观把握力；遵循先整体后局部、先概括后深入的绘画原则；有针对三维形体的绘画思路与方法。

5.3.2　明暗关系处理案例

案例一：鼠标（马克笔色粉技法）

（1）起稿，分析画面布局安排，用曲线勾勒出鼠标的大体轮廓线。开始画时，用淡淡的、不确定的细线一点点将鼠标形态清楚地刻画出来，注意画面的整体效果和线条的主次变化，如图 5-29 所示。

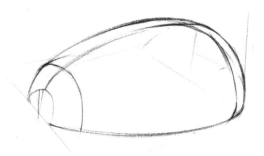

图 5-29　起稿，画线图（马黎　绘）

（2）明确画出鼠标的结构线、分型线、轮廓线，将鼠标的体积感表达出来，如图 5-30 所示。在这里要强调线的轻重关系。

处理线条的轻重关系：
1. 轮廓线：在整体线稿中，是最重的线
2. 分型线：产品部件与部件交会处为分型线。分型线第二重
3. 结构线：与人体骨骼一样，比分型线轻
4. 剖面线：辅助造型用，让人理解形体面是凹的还是凸的，一般在正中间，左右对称。剖面线在整个画面中最轻

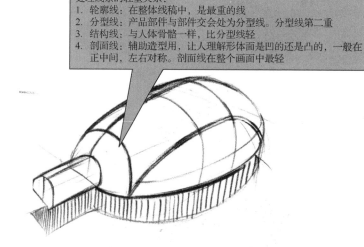

图 5-30　明确结构线、分型线、轮廓线，表达形体的体积感（马黎　绘）

（3）整体上色，加强立体效果，注意材质的特点及明暗光影的表现，如图 5-31 所示。

图 5-31　上色，体现明暗关系（马黎　绘）

（4）详细绘制鼠标的各个不同面，主要是鼠标的正视图、侧视图及俯视图，不同角度的形态能够完整地表达鼠标的结构，如图 5-32 所示。

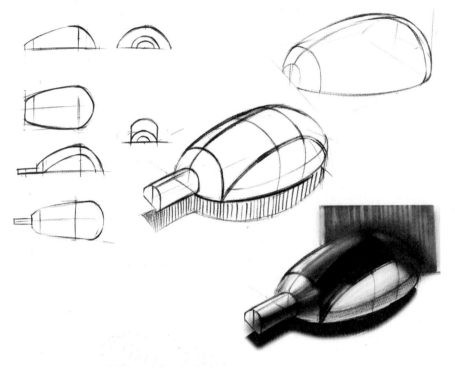

图 5-32　整体效果（马黎　绘）

案例二：某种工具（马克笔技法）

（1）起稿，分析并画出某种工具的参照线和辅助线，用线尽量简洁果断，如图 5-33 所示。

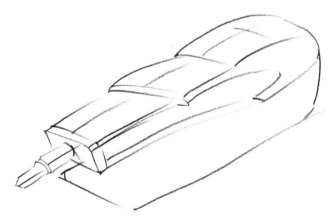

图 5-33　起稿，画线图（赵军　绘）

（2）明确画出工具的具体轮廓线和剖面线，整体塑造工具的形体转折和体积感，明确工具体面上的分型线，并适当给工具暗部上色，丰富工具的层次，如图 5-34 所示。

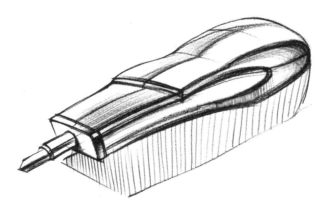

图 5-34   明确结构线、分型线、轮廓线，塑造工具的体积感（赵军 绘）

（3）使用马克笔给工具画上固有色，然后刻画暗部和亮部，增强其立体感，如图 5-35 所示。

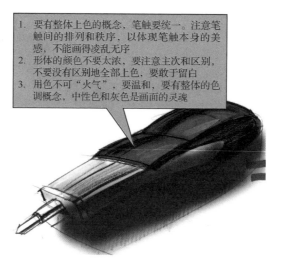

1. 要有整体上色的概念，笔触要统一。注意笔触间的排列和秩序，以体现笔触本身的美感，不能画得凌乱无序
2. 形体的颜色不要太浓，要注意主次和区别，不要没有区别地全部上色，要敢于留白
3. 用色不可"火气"，要温和，要有整体的色调概念，中性色和灰色是画面的灵魂

图 5-35   上色，刻画暗部和亮部（赵军 绘）

案例三：音乐播放器外接音箱

（1）分析音乐播放器外接音箱的透视关系，然后绘制出它的主要轮廓线，如图5-36所示。

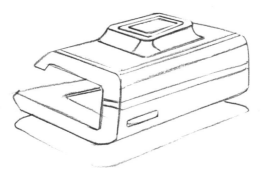

图 5-36   起稿，画线图（赵军、马黎 绘）

（2）用铅笔绘制产品的明暗关系，适当上调子，如图 5-37 所示。

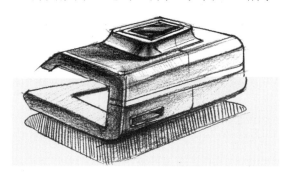

图 5-37　绘制产品的明暗关系，适当上调子（赵军、马黎 绘）

（3）布局画面。分析并强调产品各个角度的形态与细节，使产品各部件与产品功能更清晰。产品整体效果表达如图 5-38 所示。

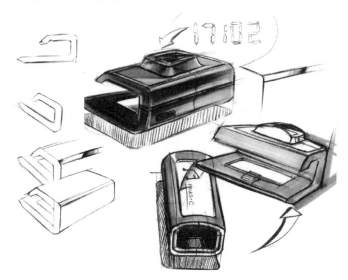

图 5-38　产品整体效果表达（赵军、马黎 绘）

扫描二维码，观看"马克笔上色技法"教学视频

5.4　马克笔与色粉混合使用技法

色粉单独使用一般效果不佳，一般适合与马克笔、水彩等结合起来用，特别适合表达一些具有高光和反光材质的产品。另外，使用色粉后，加一些爽身粉，会使色粉更均匀柔和，

而用定型剂会让色粉附着在纸张上，不宜擦掉。

5.4.1　马克笔与色粉混合使用步骤

（1）用铅笔绘制轮廓草图，线条可以轻轻地画。

（2）用勾线笔等工具对轮廓线和分型线等线条适当加重，用马克笔涂黑暗部区域。

（3）用马克笔为轮廓线及底稿上色，注意对整体效果的把握，一边看效果一边上色。色彩不宜过多，一般以一种颜色为主。

（4）用小刀将色粉笔刮成粉末，然后调和，将其涂抹在相应的色彩区块中；用棉签或棉球蘸色粉后擦拭产品表面。注意：不要用力过猛，通过掌握力量来控制色粉的渐变和过渡。对明暗交界的地方可以用马克笔处理，对高光部分用水溶性彩铅或白色水粉处理。

（5）用马克笔进行细节修饰和修整。

马克笔与色粉混合使用步骤如图 5-39 所示。

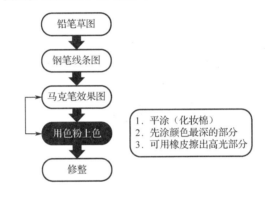

图 5-39　马克笔与色粉混合使用步骤

5.4.2　马克笔与色粉混合使用案例

案例：手持电钻

用马克笔与色粉混合技法绘制手持电钻产品效果图，具体步骤如图 5-40～图 5-44 所示。

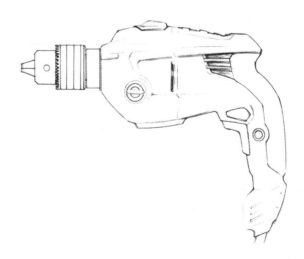

图 5-40　用铅笔绘制线稿（赵军 绘）

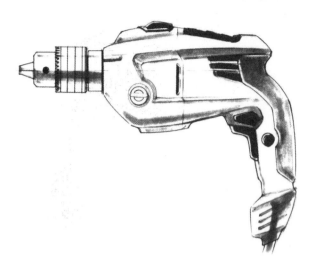

图 5-41　用勾线笔勾线，用马克笔加重暗部线条与暗部区域（赵军　绘）

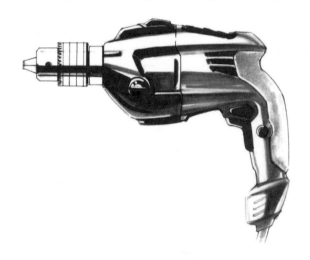

图 5-42　用马克笔简单上色（赵军　绘）

图 5-43　用马克笔进一步上色，以增加立体感（赵军　绘）

图 5-44　用色粉上色，最后用马克笔修饰细节（赵军 绘）

5.5　马克笔技法临摹素材

在日常练习中，初学者可以进行单一的马克笔技法训练，也可以将马克笔和色粉结合使用。马克笔是手绘效果图时使用最多的一种工具，上色简单，表达效果真实，在绘制手绘产品设计草图中应用广泛。

以下为大家提供了一些范例（图 5-45～图 5-57），大家可以按照自己的习惯每天进行练习。在训练中把握好线稿的透视关系，掌握好用马克笔上色的技巧，勤能补拙，持之以恒，一定能够练就杰出的手绘技能。

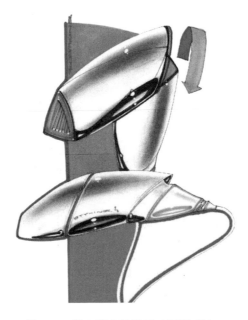

图 5-45　马克笔色粉练习（赵军 绘）

图 5-46　用马克笔与色粉混合绘制汽车（周丽先 绘）

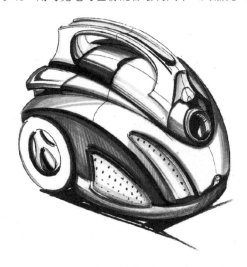

图 5-47　用马克笔绘制吸尘器（赵军 绘）

图 5-48　用马克笔与色粉混合绘制吹风机（赵军 绘）

图 5-49　用马克笔绘制无绳电话（赵军 绘）

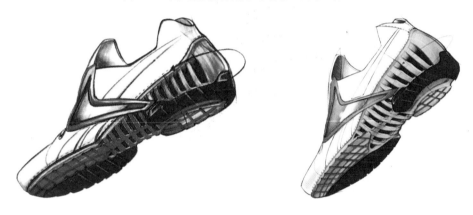

图 5-50　产品形体与上色练习（马黎 绘）

图 5-51　笔记本电脑（赵军 绘）

图 5-52 摩托车（马黎 绘）

图 5-53 用马克笔绘制摩托车（1）（赵军 绘）

图 5-54 用马克笔绘制摩托车（2）（马黎、赵军 绘）

图 5-55　用马克笔绘制吸尘器（陶一峰、赵军 绘）

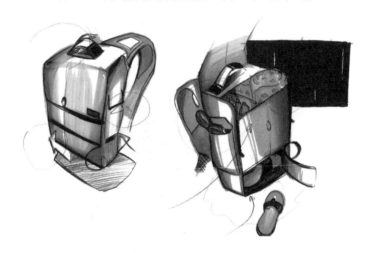

图 5-56　用马克笔绘制背包（赵军 绘）

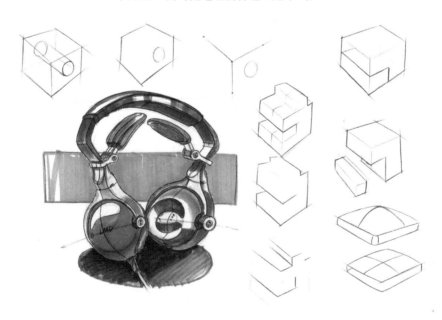

图 5-57　用马克笔绘制耳机（赵军 绘）

★ 提示：

对于半路出家学习工业设计的人来说，设计的重点在自学，多看书，多看视频，多练习。

能力的提升绝对不是短时间内可以实现的。根据成功者的经验，学习时需要多看书。看书的目的除拓展知识面以外，更重要的就是培养思考能力。尤其通过阅读一些哲学大师的名著，你可以清晰地看到他们的思考过程是怎样的，他们如何通过一步步的逻辑思考得出自己的观点。沿着别人走过的路，慢慢地，你就会掌握自己的思考方式。

工业设计是一门多学科综合的学科，既偏工科，又偏艺术。大家应该广泛涉猎。当发现问题的时候，解决的方案不会只有一个。你的涉猎越广泛，懂得越多，解决问题的方法也就越多。

大家应该注重培养思维，好好思考自己要设计的东西，多从产品角度思考，带着轻松的心情学习，这样就会事半功倍。

扫描二维码，观看"马克笔综合表现——吸尘器"教学视频

【思政讲堂】

【思政元素】积极努力的拼搏精神。

凌晨4点的洛杉矶很美

科比是20世纪八九十年代最伟大的篮球传奇巨星之一，他的精神激励着无数人，而他的成功还要从"洛杉矶凌晨4点的夜空"说起。

2008年，参加北京奥运会的美国"梦之队"集训的时候，有记者采访科比。

记者："科比，你为何能够如此成功？"

科比："你知道洛杉矶凌晨4点是什么样子吗？"

记者："我不知道，你可以给我们描述一下吗？"

科比："我经常可以看到，因为那个时刻我已经开始训练了。洛杉矶凌晨4点的夜空真的很美……"

从此，只要提到"洛杉矶凌晨4点的夜空"，人们自然而然地就想到了科比，在脑海中浮现出他凌晨4点在球场训练的身影。

科比是那种集天赋与努力于一身的人。有时候，他努力到近乎偏执，凌晨4点训练就是一个很好的缩影。或许正是这种执着的性格加上积极努力的拼搏精神，才使他在篮球领域取得巨大的成功！

其实，成功并不等于天赋，在设计业中也是如此。大多数成功的设计师往往天赋都很平庸。成功靠的是他们对于目标的执着，靠的是拼搏努力，靠的是坚持不懈。

 单元训练和作业

一、课题内容

1. 马克笔排线绘制技巧。
2. 马克笔上色步骤及要点。
3. 手绘效果的明暗关系。
4. 马克笔与色粉混合使用技巧。

二、作业要求

1. 每天利用马克笔绘制一幅手绘产品设计效果图，连续一个月。
2. 用马克笔排线画法绘制暖色调和冷色调渐变效果（各一幅）。
3. 用马克笔技法绘制图5-58所示的三星家用摄像头的手绘产品效果图。

图 5-58　三星家用摄像头

第6章

不同质感材料的效果图表现

要求：了解并掌握不同材质的属性与马克笔绘制技巧。

目标：运用本章所学知识，能够熟练绘制玻璃、金属、木材、塑料等材质的产品效果图。

1. 掌握不同材质的基本特点。
2. 掌握玻璃、木材、皮革、金属、塑料等几种常用材质的表现方法。

6.1　材料与工艺概述

1. 材料设计的方式

（1）从产品的功能、用途出发，思考如何选择或研制相应的材料。

（2）从原材料出发，思考如何发挥材料的特性，开拓产品的新功能，甚至创造全新的产品。

2. 材料的分类

按来源分类，材料可以分为第一代天然材料、第二代加工材料、第三代合成材料、第四代复合材料、第五代智能材料或应变材料。

按物质结构分类，材料可以分为金属材料、无机材料、有机材料、复合材料。

3. 材料的特性

（1）固有特性，即物理特性、化学特性。

（2）派生特性，即材料的加工特性，材料的感觉特性和环境特性。

4. 工艺的概念

工艺是指材料的成型工艺、加工工艺和表面处理工艺，是人们认识、利用和改造材料并进行产品造型的技术手段。

6.2　材料的工艺特性

6.2.1　产品的材质质感

材料质感的美即材料的质地之美。除具有一定的物理和化学性能外，各种材料还通过自身的不同形态、色彩、纹理等表现各自的质地美感。

质感是指产品的材质带给人的感觉。物质表面的自然特征就是物质的天然质感，如湖水、树皮、岩石等的质感；而经过后天加工表现出的各种特征感觉则称人工质感，如棉布、陶瓷、玻璃、塑料等的质感。

材料的质感也就是材料的感觉特性，是人对材料刺激的主观感受，是人对材料的生理和心理活动，是人的知觉系统从材料表面特征得出的信息，即物体表面质地的粗细、光涩、软硬等不同状态在心理上引起的反应。在进行产品设计时，要根据产品特性对材料的视觉质感、触觉质感、听觉质感进行科学表达，从而带给人愉悦的生理和心理感受。

6.2.2　产品的材质表现

1. 强反光材料

强反光材料主要有不锈钢、镜面材料、电镀材料等。强反光材料受环境影响较大，在不同的环境下呈现不同的明度变化。其特点主要是：明暗过渡比较强烈，高光处可以留白不画，同时加重暗部处理。描绘强反光材料笔触应整齐平整，线条有力，必要时可在高光处显现少许彩色，这样更加生动传神。

金属属于强反光材料，金属产品如图 6-1 所示。

图 6-1　金属产品

2. 半反光材料

半反光材料主要有塑料和大理石等。塑料表面给人的感觉较为温和，明暗反差没有金属材料那么强烈。表现塑料材质时应注意黑白灰对比较为柔和，反光比金属弱，高光强烈。大理石质地较硬，色泽变化丰富，表现大理石材质时先要给出一个基调，再用细笔画出纹理。

图 6-2 所示为哑光塑料产品。

图 6-2　哑光塑料产品

3．反光并透明材料

反光并透明材料主要有玻璃、透明塑料等。这类材料的特点是具有反光和折射光，有透光效果。表现反光并透明材料时可以直接借助环境底色，画出产品形状和厚度，强调物体轮廓与光影变化，注意处理反光部分，尤其要注意描绘出物体内部的透明线和零部件，以表现出透明的特点。

图 6-3 所示为透明玻璃产品。

图 6-3　透明玻璃产品

4．不反光也不透明材料

不反光也不透明材料分为软质材料和硬质材料两种。软质材料主要有海绵、皮革制品等。硬质材料主要有木材、石材等。它们的共性是吸光均匀，不反光，而且均有体现材料特点的纹理。在表现软质材料时，着色应均匀、湿润，线条要流畅，明暗对比柔和，避免用坚硬的线条，不能过分强调高光。在表现硬质材料时，应该块面分明、结构清晰、线条挺拔明确。

图 6-4 所示为软质材料搭配木材制造的产品。

图 6-4　软质材料搭配木材制造的产品

6.2.3 常见材质的应用范围及表现特点

1. 木材材质

木材材质一般是表达原生态的自然、古朴，有一定文化气息的产品。木材材质如图 6-5 所示。

木材材质的表现手法：

首先画出纹理，注意疏密变化，然后在一些转折的地方找一些重色的点，利用加重手法，形成点线面的关系。

2. 玻璃材质

玻璃材质若有若无，实而又虚，具有天然的、独具魅力的透明性和变幻无穷的流动感、色彩感，唤起人们的遐想和憧憬。玻璃材质如图 6-6 所示。

图 6-5　木材材质

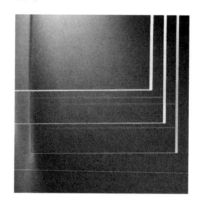

图 6-6　玻璃材质

玻璃材质的表现手法：

玻璃材质的表现需要用到硬度较高的铅笔，用较细腻的笔触作画。

在表现玻璃材质的图形里面画一些穿插的横线，大约与物体形成 45 度角，线条要轻，最好不要重叠。

3. 金属材质

金属材质的产品外观都具有强烈的高光和反射，高光比较尖锐，而且光感强，高光范围往往较小，并且能够反射环境色彩。金属材质如图 6-7 所示。

金属材质的表现手法：

金属材质的光影黑白对比很强，亮部呈天蓝色。

对于金属质感的产品，要注意表现出强烈的反光。

4. 塑料材质

塑料材质表面给人的感觉较为温和，纹理干净自然，反光朦胧，明暗反差没有金属材质表面那么强烈。塑料材质如图 6-8 所示。

塑料材质的表现手法：

塑料材质表面均匀，反差小，反光不强烈，高光柔和、圆润。

图 6-7　金属材质

图 6-8　塑料材质

5. 皮革材质

皮革材质给人的感觉是奢华、高贵。

在一般情况下，皮革材质的产品没有什么尖锐的造型，有一种柔软感。此外，制作皮革产品时留下的线缝是体现皮革材质的重要元素。皮革材质如图 6-9 所示。

图 6-9　皮革材质

皮革材质的表现手法：

皮革材质表面明暗对比较弱，有自然纹理。一定要表现出缝线。

扫描二维码，观看"产品材料与工艺"教学视频

6.3　材质绘制案例精解与示范

6.3.1　木材材质表现技法

木材的绘制需要将马克笔和彩铅（或勾线笔）结合使用，利用马克笔绘制主体色彩，利用彩铅绘制木材纹理。纹理一定要按照形体画，两种颜色交替可以使木纹显得更真实。当然，木纹的绘制可以在用马克笔上色前，也可以在用马克笔上色后。同时，木纹色彩又有区别，如桃木、梨木等，但基本方法一样，只是马克笔色彩运用有区别而已。

图 6-10 为木材与不锈钢材质结合。

1. 绘制木材材质设计图时，可用针管笔绘制出基本形状，然后用马克笔画出阴影
2. 用浅土黄色马克笔和深棕色铅笔绘制木质纹理，纹理一定要按照形体画。两种颜色叠加交替绘制，使木纹显得更真实
3. 对年轮纹理可以根据经验加深，然后用橘黄色轻涂亮面，将其提亮，接着用白色铅笔描出高光

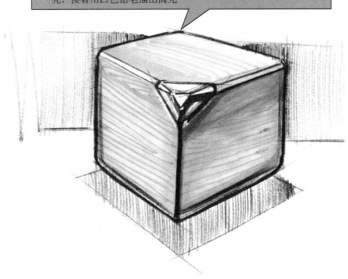

图 6-10　木材与不锈钢材质结合（赵军 绘）

案例："影·示"清洁用具系列收纳架（木质）

接下来，以一款用于家用清扫工具收纳的产品（图 6-11）为例，讲解绘制木质产品的过程和步骤。

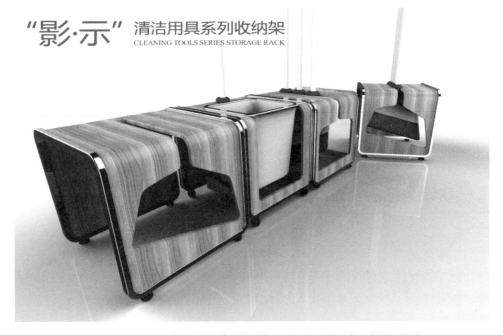

图 6-11　"影·示"清洁用具系列收纳架（张明、周丽先、赵军 设计）

（1）用黑色彩铅绘制收纳架的大体框架，把握好透视关系和线条，如图 6-12 所示。

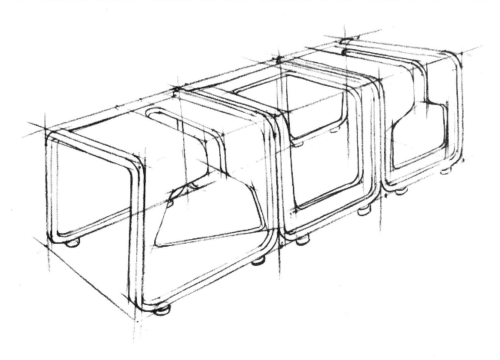

图 6-12 绘制线稿，把握好透视关系（周丽先、赵军 绘）

（2）深化线条，将边缘线和结构线进行加深处理，增加立体感，如图 6-13 所示。

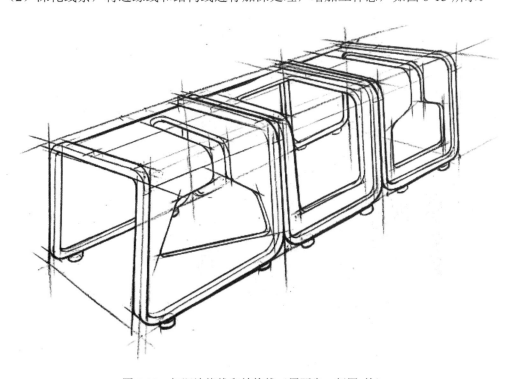

图 6-13 加深边缘线和结构线（周丽先、赵军 绘）

（3）利用橘黄色（及其他黄色或棕色）马克笔上色，确定主色基调，如图6-14所示。对个别边缘的地方可以多上几次颜色，以增加颜色深度，增强立体感。

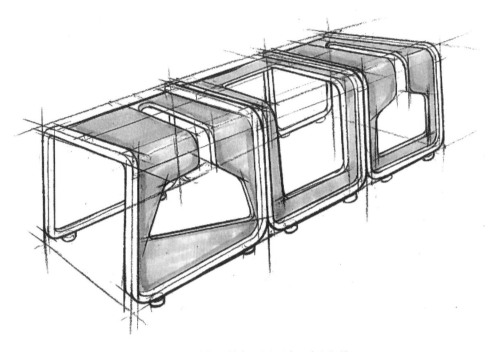

图6-14 绘制产品基色（周丽先、赵军 绘）

（4）用颜色深一号的马克笔进一步上色，突出产品不同区域的明暗差异，如图6-15所示。将暗的地方色彩加重，对于亮的地方可以浅涂或者留白。

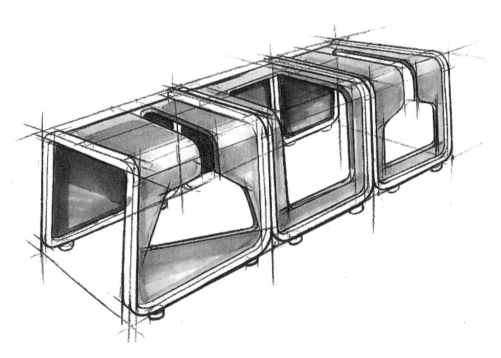

图6-15 加重色彩，突出明暗对比（周丽先、赵军 绘）

（5）用黑色彩铅或 0.3 mm 绘图笔勾勒木纹。画木纹时要疏密得当，流畅自然。另外，完成金属框架的色彩表现，如图 6-16 所示。

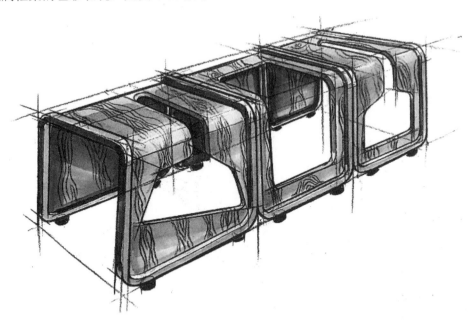

图 6-16　添加木纹，表现金属框架（周丽先、赵军 绘）

扫描二维码，观看"影·示"清洁用具系列收纳架手绘教学视频

6.3.2　玻璃材质表现技法

玻璃材质有三个主要特征——透明、反射和折射，后面两个特征在玻璃材质的表现过程中非常重要。表现玻璃材质最直接的方式就是透过材质可以看到玻璃后面的场景。当透明材质较厚时，材质表面映射的后面的场景就会变形和形成反射；反之，材质表面映射的材质背后的场景就多一些、清晰一些。玻璃表面有光反射的地方，透明度会减弱，因为有更多的光是材质表面的反射光或周围环境的光。从透明度的角度看，透明度越高，反射的光线就越亮；透明度越低，反射的光线就越暗。当然，光线减弱，反射的光也会变弱，玻璃表面反射的周围环境也变得暗淡和模糊。

另外，一些透明材质虽然不属于玻璃，但和玻璃类似，如透明塑料。当然，玻璃也分有色玻璃和无色玻璃，但不管属于哪一种，只要掌握好透明材质的反光部分和透明折射特性，处理起来就简单多了。

图 6-17 为玻璃材质练习。

> 1. 使用冷灰色马克笔给玻璃上色，在玻璃瓶的两侧画出颜色
> 2. 使用高光笔和白色铅笔画出产品边缘的高光
> 3. 使用冷灰色马克笔画出倒影

图 6-17　玻璃材质练习（马黎　绘）

扫描二维码，观看"玻璃材质产品手绘"教学视频

案例：玻璃材质绘制

图 6-18 为玻璃金属镶嵌工艺插花瓶。

图 6-18　玻璃金属镶嵌工艺插花瓶（赵军、俞琦婷　设计）

下面讲述该插花瓶的具体绘制方法和步骤。

（1）用黑色彩铅绘制插花瓶的基本轮廓，注意把握好透视关系，如图 6-19 所示。

（2）用黑白灰描绘轮廓的光影效果，完成对轮廓的基本效果表达，如图 6-20 所示。

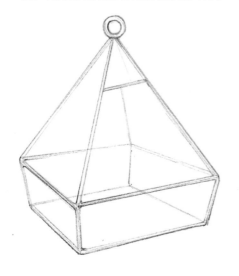

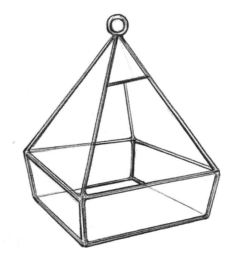

图 6-19　绘制线稿图　　　　　　　　　　图 6-20　利用黑白灰表现大概轮廓效果

（3）用浅蓝色和灰色上色，表现插花瓶的主体色彩，如图 6-21 所示。注意：色彩颜色不要太浓、太深，注意留白（体现玻璃的反光和折射原理），给后期修改完善留下充分的余地。整个产品是由金属和玻璃构成的，在表现时，由于玻璃对光的反射和折射，所以用大面积留白来表现高光和反光，用灰色或灰蓝色处理折射光部分。

（4）进一步加深部分区域的色彩，并对光感较强的区域打上高光，以充分体现玻璃的反光和折射光特点，如图 6-22 所示。

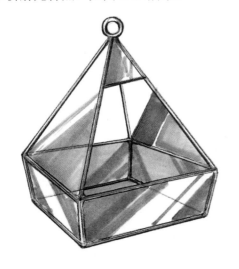

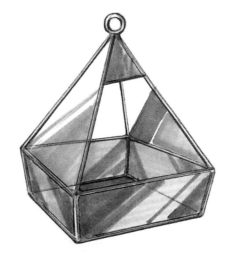

图 6-21　上基色　　　　　　　　　　图 6-22　进一步上色，进行高光、反光处理

6.3.3　皮革材质表现技法

皮革材质也是手绘常见材质之一，如沙发、床、墙面装饰等产品都涉及皮革材质。皮革

常见的一般为软质面材，表面甚至有自然纹理，属于亚光效果，表面的明暗对比较弱，没有非常大的高光面和反光面。

在表现皮革材质产品的时候，主要是通过皮革本身的固有色，皮革纹理通过用彩铅勾勒表现。皮革的边缘一般有缝线，因此一定要记住把皮革的缝线绘制出来，这是一个很明显的标志。

皮革材质如图 6-23 所示。

> 1. 皮革的质感体现在它的受光特点和肌理表现上，高光过渡较缓，有一定亮度的反光，肌理表现得均匀细腻
> 2. 使用白色彩铅画出皮革的缝线

图 6-23　皮革材质（马黎 绘）

扫描二维码，观看"皮革材质产品（皮包）手绘"教学视频

案例：老年人购物拉杆车

下面以一款多功能老年人购物拉杆车（图 6-24）为例，讲解皮革材质的绘制。

图 6-24　老年人购物拉杆车（赵军、翁浩吉、周丽先 设计）

（1）这款产品主要是由金属杆和皮革袋组成的，皮革袋为深棕色。首先绘制线稿，注意把握好透视关系，如图 6-25 所示。

（2）用棕色马克笔上基色，可以在边缘多上几遍颜色，以增加其敏感效果，中间及前面的高光部分浅涂一遍即可，如图 6-26 所示。

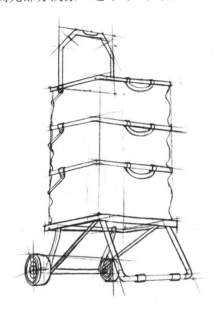

图 6-25　绘制产品轮廓线（赵军、周丽先　绘）

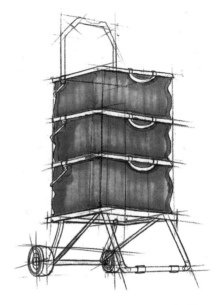

图 6-26　上基色（赵军、周丽先　绘）

（3）用颜色深一号的棕色马克笔在色彩较暗的部位多次涂色，必要时可以用颜色深两号的深棕色上色，表现出产品的明暗关系，如图 6-27 所示。

（4）用黑色马克笔和黑色彩铅绘制纹理，表现皮革的褶皱部分，如图 6-28 所示。

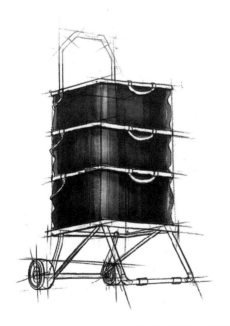

图 6-27　加重色彩，表现明暗关系（赵军、周丽先　绘）

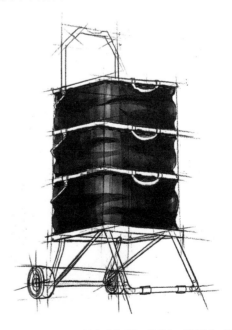

图 6-28　绘制皮革褶皱（赵军、周丽先　绘）

（5）用白色彩铅（或其他浅色彩铅）在棕色皮革袋上进行涂抹，表现皮革表面的肌理；另外，用黑、灰等颜色表现金属杆的金属质感，如图6-29所示。

（6）进一步用彩铅表现皮革肌理，并利用高光笔表现高光，如图6-30所示。

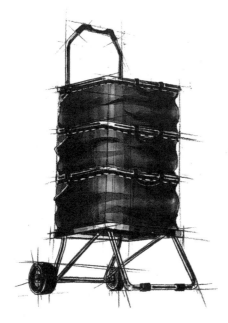

图6-29　表现皮革肌理和金属杆的金属质感（赵军、周丽先 绘）　图6-30　高光点缀（赵军、周丽先 绘）

6.3.4　金属材质表现技法

金属材质属于高光材质，表面的光影要醒目，明暗变化要比其他材质突出，色彩基本用黑白两色表现，反差大一些即可。画的时候要特别注意金属材质产品的高镜面反射，可以将一根中心轴作为分界点，用黑白（可适当加一些蓝色或其他彩色）作为分界边缘。

图6-31为金属材质绘制练习。

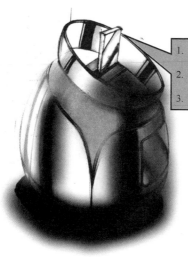

1. 用冷色系和黑色马克笔画出不锈钢反射周围环境的部分
2. 用高光笔提亮高光，增强对比、加强效果表现
3. 使用白色彩铅清扫表面，表现反光

图6-31　金属材质绘制练习（马黎 绘）

扫描二维码，观看"金属材质产品手绘"教学视频

案例：金属自来水龙头绘制

下面以自来水龙头（图6-32）为例，讲解金属材质产品的绘制。

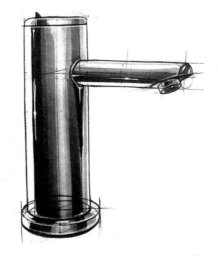

图6-32　自来水龙头（赵军、周丽先　绘）

（1）用黑色彩铅（或勾线笔）绘制出水龙头的基本线条，如图6-33所示。

（2）根据产品的光影变化规律，用浅灰色画出水龙头的基本色调，初步表现水龙头的明暗关系，如图6-34所示。

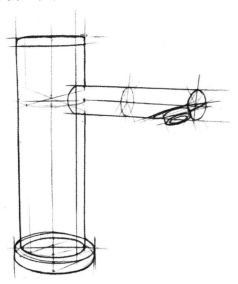

图6-33　绘制线稿（赵军、周丽先　绘）

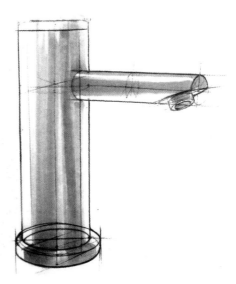

图6-34　上基色（赵军、周丽先　绘）

（3）用较深的颜色（黑色或深灰色）绘制分界线，划分明暗区域，突出金属质感，如图 6-35 所示。

（4）将明暗区别进一步扩大，进一步表现明暗关系，如图 6-36 所示。

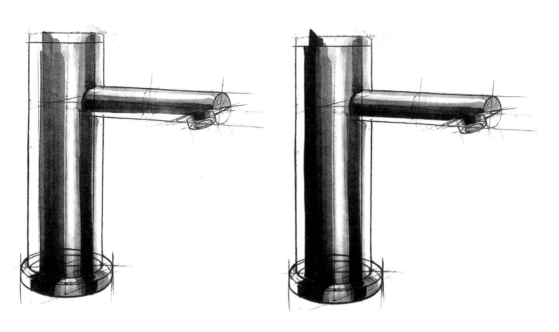

图 6-35　初步确定明暗分界线（赵军、周丽先 绘）　　　图 6-36　加重明暗关系（赵军、周丽先 绘）

（5）修饰细节，点缀高光，突出表现水龙头的高光和反光点，完成作品绘制，如图 6-37 所示。

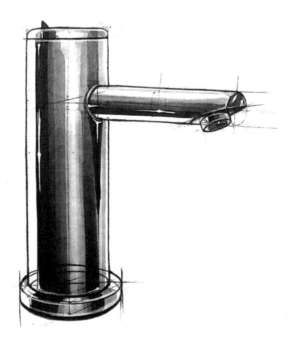

图 6-37　修饰细节，点缀高光（赵军、周丽先 绘）

6.3.5　塑料材质表现技法

塑料是在产品设计中较常见、应用最广泛的一种材质。塑料又分为硬塑料和软塑料，硬塑料质感较硬，光泽度较高，绘制时一定要注意明暗区域的柔和过渡。对于一些反光强的塑料来说，主要突出高光和反光的表现；对于一些表面质感较粗糙、有磨砂效果的塑料来说，可以适当弱化明暗差异，用一种色彩上色即可。对于塑料材质高光部分，可用高光笔或白色彩铅绘制。

图 6-38 为塑料材质练习。

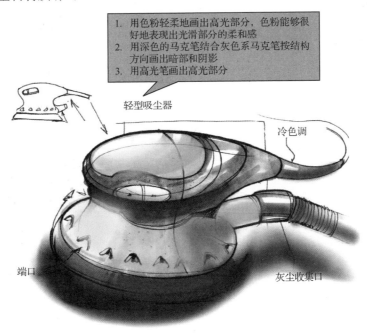

1. 用色粉轻柔地画出高光部分，色粉能够很好地表现出光滑部分的柔和感
2. 用深色的马克笔结合灰色系马克笔按结构方向画出暗部和阴影
3. 用高光笔画出高光部分

轻型吸尘器

冷色调

端口

灰尘收集口

图 6-38　塑料材质练习（赵军 绘）

案例：工业户外防水插头绘制

下面以工业户外防水插头（图 6-39）为例，讲解塑料材质产品的绘制。

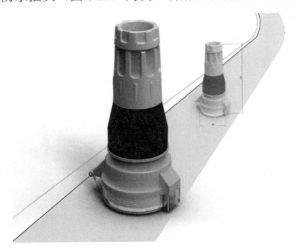

图 6-39　工业户外防水插头（赵军、胡琴 设计）

（1）用黑色彩铅或勾线笔绘制插头基本轮廓，注意把握透视关系，特别是一些产品细节结构要表现到位，如图 6-40 所示。

（2）用中黄色绘制产品基本色调，如图 6-41 所示。对于一些暗面，可以适当多涂两遍，以增加色彩深度，从而表现色彩的暗部。第一遍上色不宜过重，可以由浅入深，结合具体效果上色。注意：高光部分要适当留白。

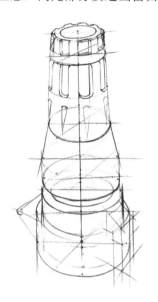

图 6-40　绘制轮廓线稿（周丽先、赵军 绘）

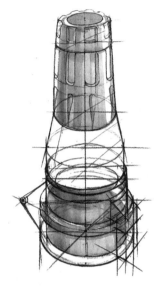

图 6-41　上基色（周丽先、赵军 绘）

（3）用颜色深一号的马克笔对一些暗部区域进一步上色，加重色彩，如图 6-42 所示。对于一些结构线和边缘线，再次勾画一下，以突出产品结构特点。

（4）用黑色和灰色马克笔对中间软性材质的塑料上色，其色彩方向和高光区域（较弱）要与黄色区域一致，如图 6-43 所示。

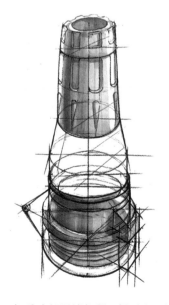

图 6-42　加重暗部区域色彩（周丽先、赵军 绘）

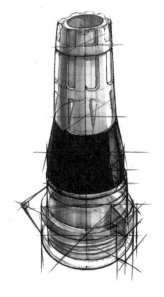

图 6-43　绘制黑色塑料部分（周丽先、赵军 绘）

（5）进一步加重一些特殊区域的暗部色彩，并用高光笔画出一些轮廓区域的高光线条，结束绘制，如图 6-44 所示。

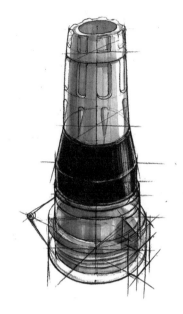

图 6-44　加重暗部色彩和高光表现（周丽先、赵军 绘）

扫描二维码，观看"工业户外防水插头手绘"教学视频

【思政讲堂】

【思政元素】精益求精，工匠精神。

中国航天精神

2022 年中国空间站建成，中国航天事业已经达到世界领先水平，这是我们中国人的骄傲。但是，大家知道吗？每次我国的航天飞船与空间站对接时难度非常大。为了克服这些困难，工程师们发扬"敢啃硬骨头、能坐冷板凳"的中国航天精神，不断打磨航天器的各个细节，在每个环节都做到精益求精，不出任何差错。梦天实验舱的星箭对接，首次采用中国传统开放式的榫卯结构，结构对接孔直径超过 4 m，是空间站舱体中尺寸最大的铆接结构。这么庞大的铆接结构对整个舱体的制造精度、材料刚性提出了更苛刻的要求。为了确保对接孔的对接精度，工艺研制人员吃住在实验室里，集思广益，从无到有，精确控制，巧妙提出了一种精确测量基准转移的测量方法，依靠数学矩阵计算原理，将调测方法化繁为简，将高位测量转变为可靠且稳定的低位测量，最终保证了对接支架装配的精度，从而保证了星箭对接的顺利完成。

2022 年 11 月 1 日 4 时 27 分，梦天实验舱在位于地面以上约 400 km 的近地轨道上与中国空间站完美对接，再次完美上演了"万里穿针"的神技，与天和核心舱结合在一起，组成完整的中国空间站，标志着中国空间站全面建成。

从"天和"到"问天"，从"问天"到"梦天"，中国航天事业不断取得成功，依靠的是每位航天人永不言败、孜孜以求的艰苦奋斗精神。我们要向中国航天人学习，学习他们精益求精的作风和品质，为以后的设计师职业生涯打下坚实的技能基础。

单元训练和作业

一、课题内容

不同材质（金属、玻璃、塑料、木材、皮革等）产品的手绘效果图绘制方法和技巧。

二、作业要求

1. 简要叙述金属材质手绘效果图的表现要点。
2. 简要叙述木材材质手绘效果图的表现要点。
3. 简要叙述玻璃材质手绘效果图的表现要点。
4. 简要叙述皮革材质手绘效果图的表现要点。
5. 简要叙述塑料材质手绘效果图的表现要点。
6. 利用木材材质的手绘技巧，绘制如图 6-45 所示的积木桌手绘效果图。

图 6-45　积木桌手绘效果图（周丽先 设计）

第7章

手绘效果图表现技法临摹素材

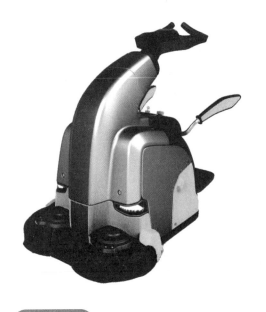

学习目标

要求：通过大量临摹练习，熟练掌握手绘基本技法。
目标：争取每天一练，通过大量练习熟能生巧。

学习要点

1. 养成每天一练的好习惯，通过坚持练习，熟练掌握手绘技巧。
2. 掌握不同色系产品的手绘上色技巧。
3. 掌握整套手绘产品设计方案效果图的绘制形式。

7.1　手绘不同阶段和临摹注意事项

7.1.1　手绘不同阶段

手绘分为以下几个阶段。

1. 练习线条

这是最基础的阶段，非常重要。很多人想跳过这一阶段，直接去画产品。我在这里强调，如果你不是高手，那么一定要多进行基础练习。

2. 临摹线稿

先临摹透视图，再临摹优秀的线条图，反复临摹，找出自己的缺点并加以改正。

3. 写生

看着真实的产品画，学会归纳线条和色彩。

4. 默绘

默绘自己临摹的或自己写生的作品。

5. 自己设计

将自己的设计思想体现在产品中。

这几个阶段的时间根据个人的情况而定，这几个阶段是循序渐进的，需要不断反复练习，最终达到最满意的效果。

图 7-1 为教师进行手绘示范。

图 7-1　教师进行手绘示范

7.1.2 临摹注意事项

（1）选择自己感兴趣的对象来画，不要强迫自己接受某个对象，这样才能保证自己能够坚持画下去。

（2）在画之前，先仔细观察对象，找出其精彩之处；在画之前，要有对未来的画面的感受，做到心中有数。

（3）要对自己的画充满信心，不要半途而废，这是认真完成绘画的有力保证。

（4）要理解自己要表现的对象，只有理解了对象，才会有准确的形体和结构，才会有意识地下笔。

（5）要注意对表现对象的概括和画面的虚实处理，注意表现的重点和主题，不能机械临摹。

7.2 手绘线稿系列临摹素材

手绘线稿系列临摹素材如图 7-2～图 7-15 所示。

图 7-2 手表钢笔线图（马黎 绘）

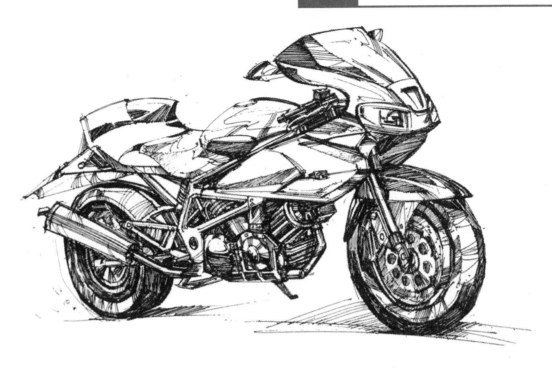

图 7-3　摩托车钢笔线图（赵军 绘）

图 7-4　概念自行车钢笔线图（马黎 绘）

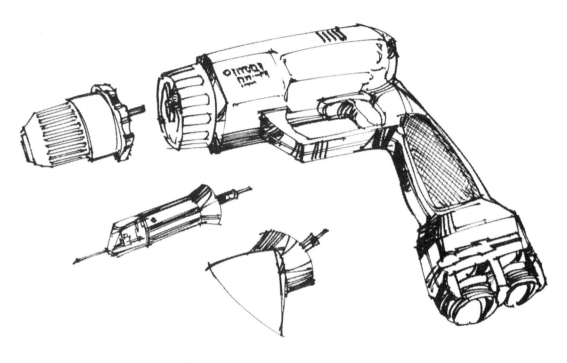

图 7-5　工具钢笔线图（1）（马黎　绘）

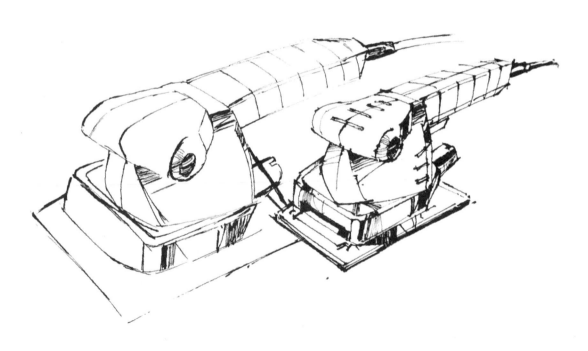

图 7-6　工具钢笔线图（2）（赵军　绘）

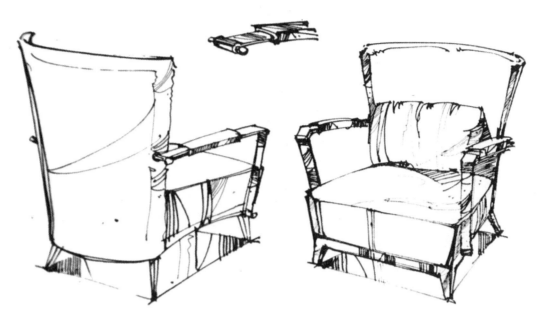

图 7-7　沙发钢笔线图（赵军 绘）

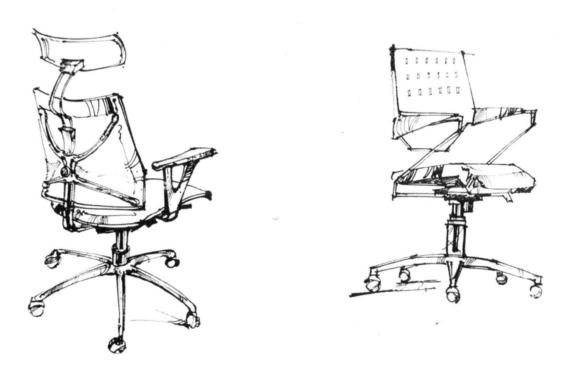

图 7-8　旋转椅钢笔线图（赵军 绘）

图 7-9　汽车钢笔线图（周丽先 绘）

图 7-10　游戏手柄彩笔线图（赵军、范王至禹 绘）

图 7-11　凳子勾线笔线图（赵军 绘）

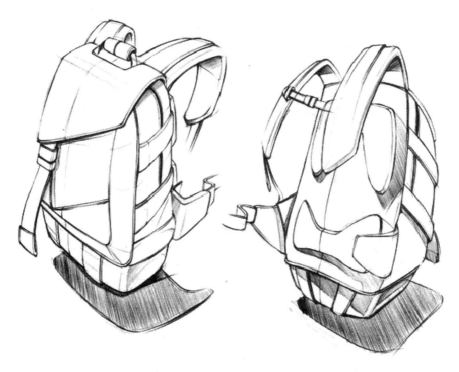

图 7-12　背包勾线笔线图（赵军 绘）

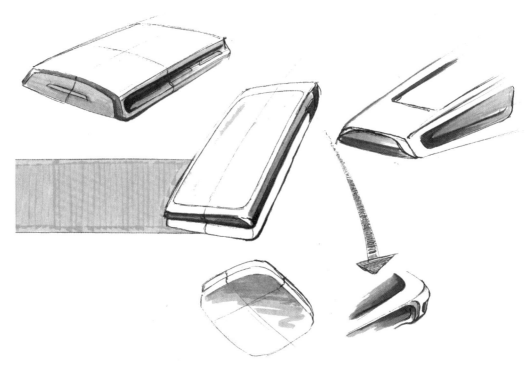

图 7-13 圆珠笔线图（赵军 绘）

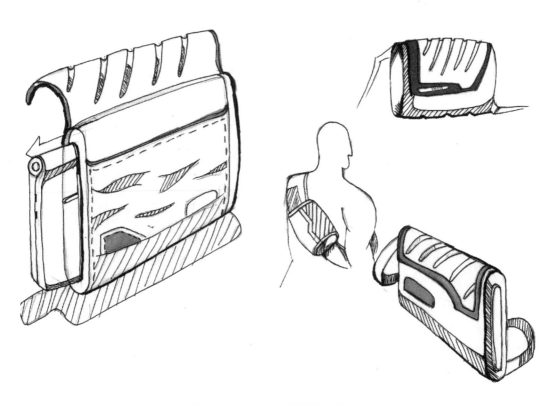

图 7-14 沙发圆珠笔线图（赵军 绘）

图 7-15　汽车大概轮廓铅笔线图（赵军 绘）

7.3 马克笔技法系列临摹素材

马克笔技法系列临摹素材如图 7-16～图 7-24 所示。

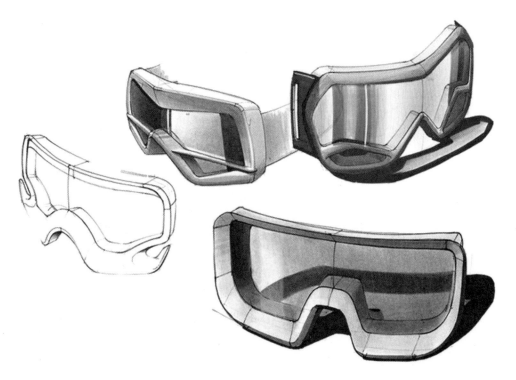

图 7-16　护目镜（赵军 临）

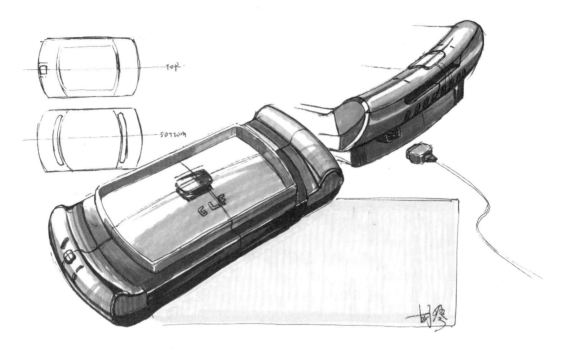

图 7-17　翻盖手机（胡琴 临）

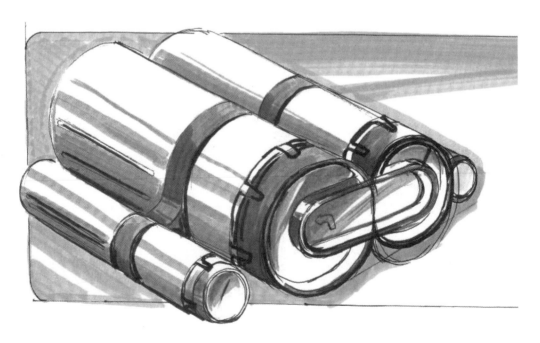

图 7-18　望远镜（陶一峰、赵军 临）

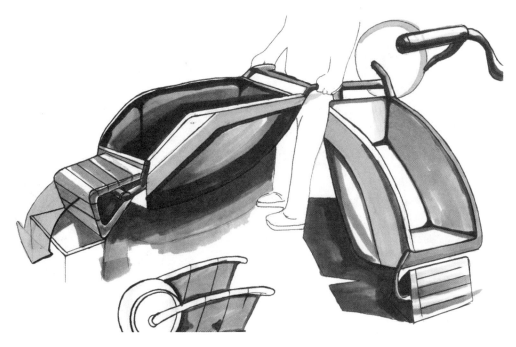

图 7-19　推车（陈士凯、赵军 绘）

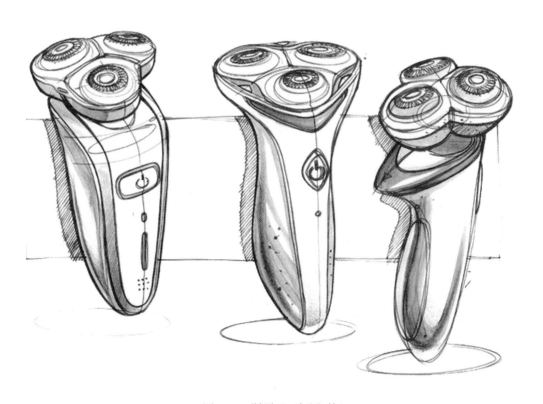

图 7-20　剃须刀（赵军 绘）

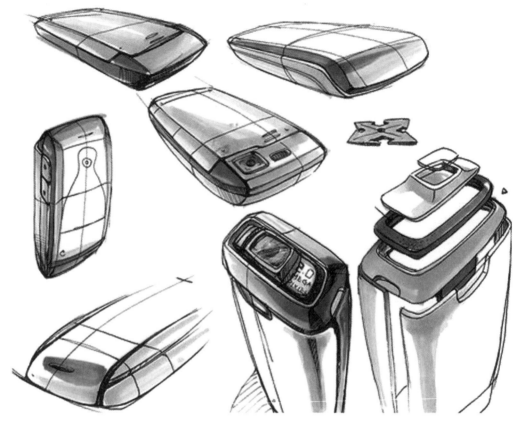

图 7-21　电子产品（赵军 临）

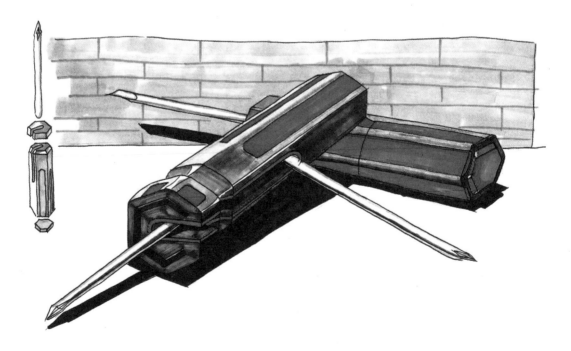

图 7-22　螺丝刀（赵军 绘）

图 7-23　电钻（赵军 绘）

图 7-24　汽车（赵军 绘）

7.4 产品设计方案效果图系列临摹素材

产品设计方案效果图系列临摹素材如图 7-25～图 7-37 所示。

图 7-25 EGG MUS 手绘设计方案效果图（弓黎 绘）

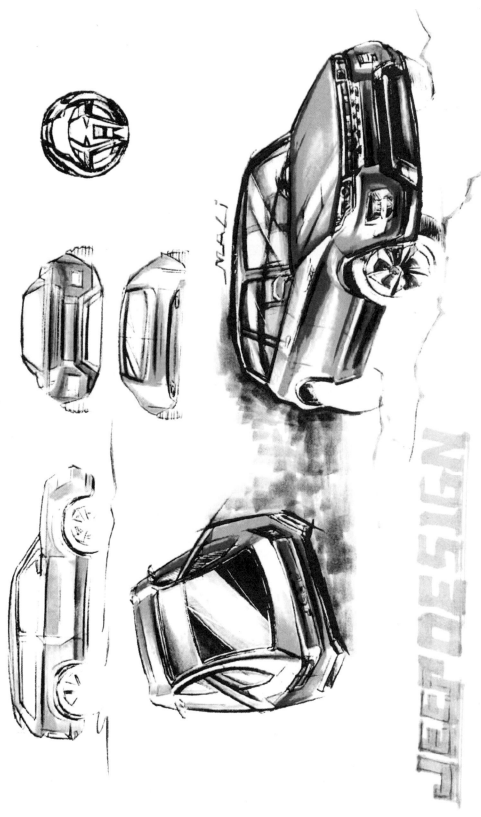

图 7-26　JEEP 汽车手绘设计效果图（赵军、马黎　绘）

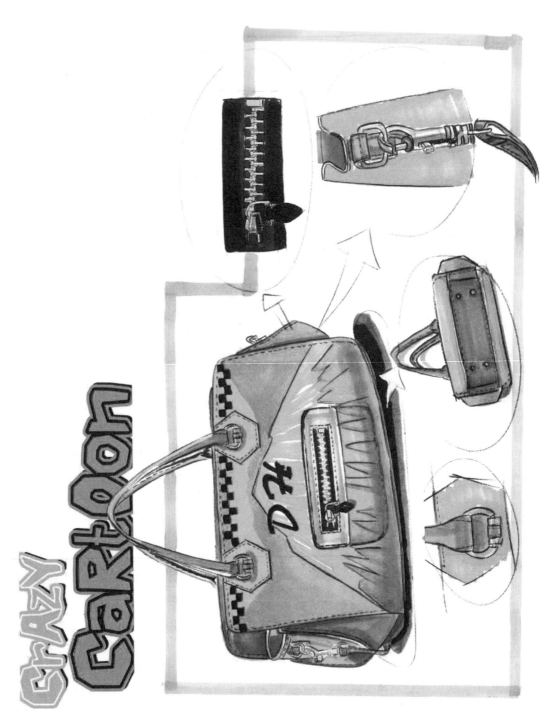

图 7-27 手提包手绘设计效果图（赵军 绘）

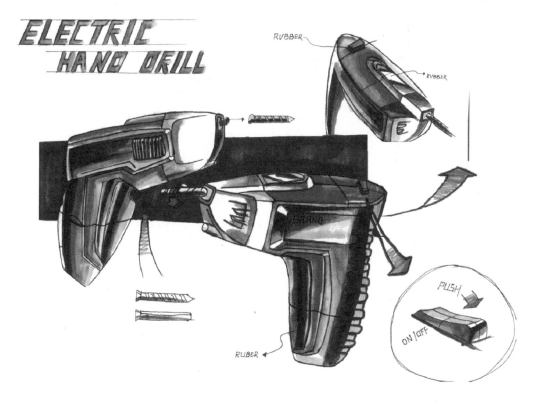

图 7-28　手持电钻手绘设计效果图（赵军 绘）

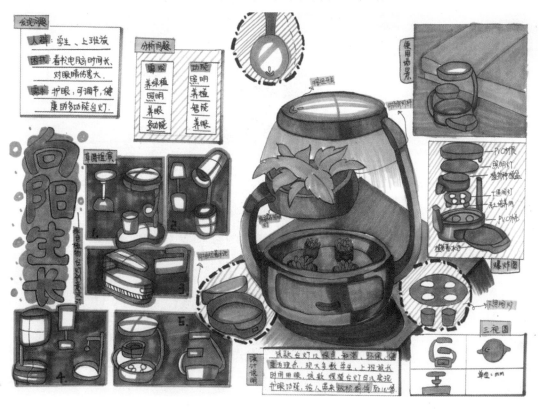

图 7-29　绿色植物台灯手绘设计方案效果图（张欣娱、刘建芳 绘）

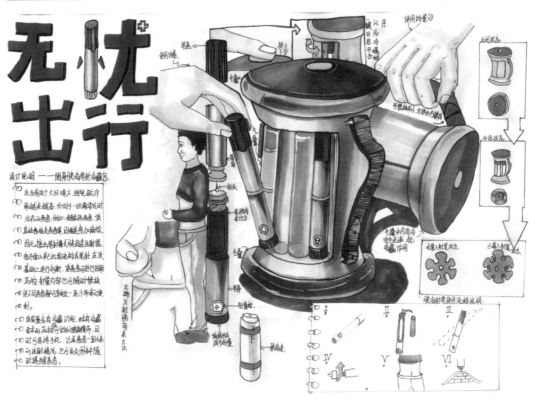

图 7-30 无忧出行——随身胰岛素笔针冷藏包手绘设计方案效果图（斯雯萱、刘建芳、赵军 设计）

图 7-31 空气净化器手绘设计方案效果图（赵军 绘）

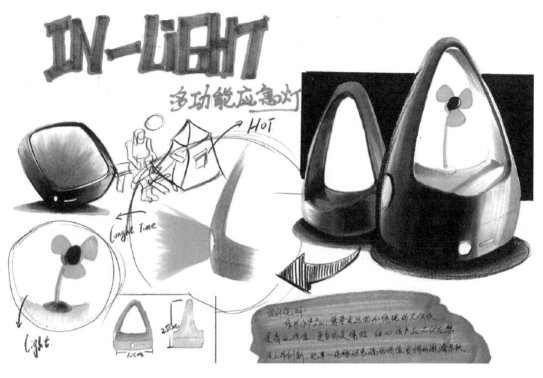

图 7-32　多功能应急灯手绘设计方案效果图（赵军 绘）

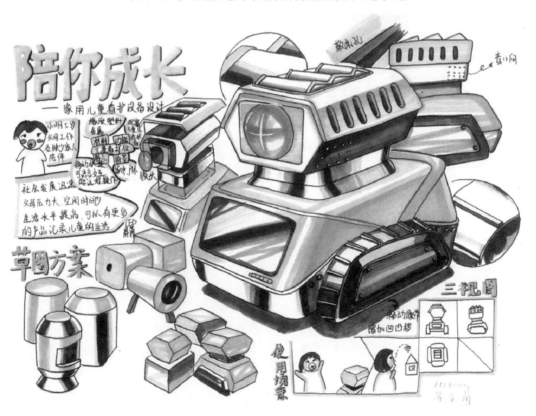

图 7-33　"陪你成长——儿童看护设备"手绘设计方案效果图（陈苏静、刘建芳 设计）

图 7-34 "随手止哮"产品手绘设计方案效果图（刘建芳、赵军 设计）

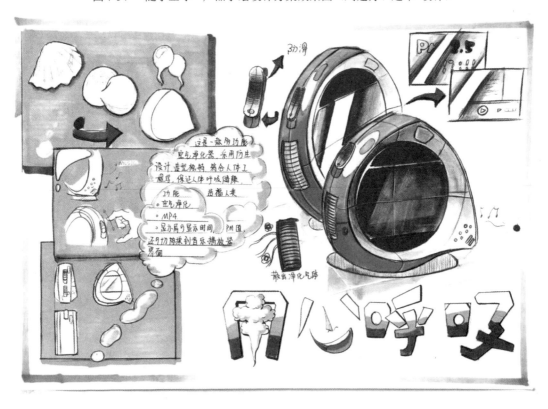

图 7-35 空气净化器手绘设计方案效果图（赵军 绘）

图 7-36　电动轮椅手绘设计方案效果图（赵军、谢颖 设计）

图 7-37　假牙清洁器手绘设计方案效果图（郭雪琦、刘建芳 设计）

7.5　产品设计展示效果图系列

7.5.1　色彩在产品设计中的作用

色彩在人们的生活中扮演着重要的角色，它不仅能丰富人们的视觉感受，还能影响人们的心理感受。色彩能美化产品和环境，满足人们的审美需求，提高产品的外观质量，增强产品的市场竞争力。

在产品设计中，造型和色彩是外观设计表达最主要的两个环节。造型设计旨在确定产品的外观质量与外形特征，同时协调人、机、环境之间的相互关系，以及考虑生产者和使用者利益的结构与功能关系，最终将其转变为均衡的整体。产品色彩设计受到加工工艺、材料、产品功能、人机环境等因素的制约，所以在追求产品炫目造型效果的同时，要综合协调各种色彩学影响因素，进行科学合理的色彩设计。不同的色彩可以创造出产品不同的视觉效果。

在产品设计表现中，计算机设计效果图是产品最终的虚拟呈现图，是产品正式生产前的最后一步。计算机设计效果图与手绘设计效果图不同，它对产品色彩的要求更准确、更严格，色彩呈现方式也与初期手绘截然不同，必须对产品的色彩加以明确。因此，在学习手绘的过程中，以计算机设计展示效果图为临摹素材进行训练是一个非常好的办法。在这个过程中，不仅可以学会如何运用色彩，还可以提升自身的创新思维能力和细节把握能力，是手绘初学者必经的学习之路。

现代产品越来越重视色彩系列的设计，如图7-38所示。

图7-38　现代产品色彩系列示例

7.5.2　产品创新设计案例

下面以不同色彩系列为分类方式，对产品创新设计案例进行展示和讲解。设计者和临摹者在学习过程中可以有目的地对色彩进行了解和掌握，为手绘产品效果图上色奠定基础。

1. 红色系

红色被公认为是一种刺激色。红色能够令人兴奋，吸引人们注意。产品运用红色能够快速获得人们的关注，设计师要突出产品的激情元素，就可以使用红色。需要注意的是，红色也常用来作为警告、危险、禁止、防火等标志上的配色。产品用红色作为主色的案例如图 7-39 和图 7-40 所示。

设计说明

该旅行箱可分类放置物品，方便拿取物品。当需要取某物时，直接打开一个箱子即可。该旅行箱最大的特点就是可以根据个人的需要随意组合。

图 7-39　心心"箱"印旅行箱（金旭红、赵军、孙艺榕 设计）

江南烟雨 公共伞

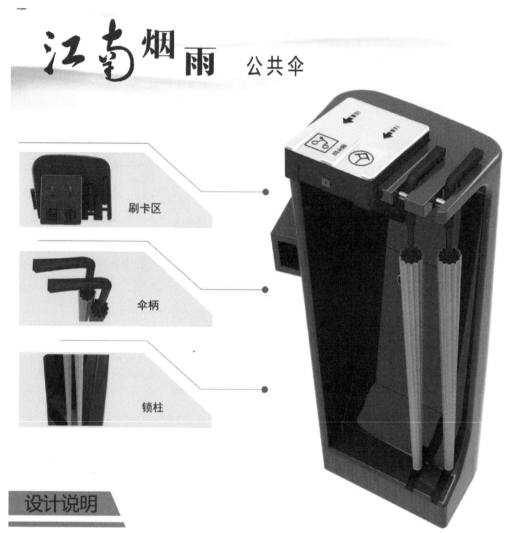

刷卡区

伞柄

锁柱

设计说明

江南的天气难以准确预测，该设计将公共自行车和具有江南文化的油纸伞相结合，避免了人们在下雨时没伞撑的尴尬局面，同时在降低设备建设成本方面有极大的优势。使用者通过刷市民卡借伞，并建立信用机制。

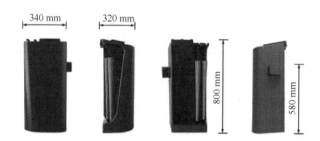

图7-40 江南烟雨公共伞借助系统（严思红、赵军、童玉琴 设计）

2. 橙色系

橙色属于暖色系，明示度高，在工业产品设计中常用于安全、警戒等类别的产品，如海上救生衣、登山用的救护背包、三防手机等。饱和而又艳丽的橙色会散发出温暖和充满能量的感觉。

产品用橙色作为主色的案例如图 7-41～图 7-44 所示。

图 7-41　手电钻（赵军　绘）

图 7-42　树干防虫喷涂机（广东石油化工学院　设计）

图 7-43　亲子救生衣（李睿　设计）

提带式婴儿『学步』推车设计

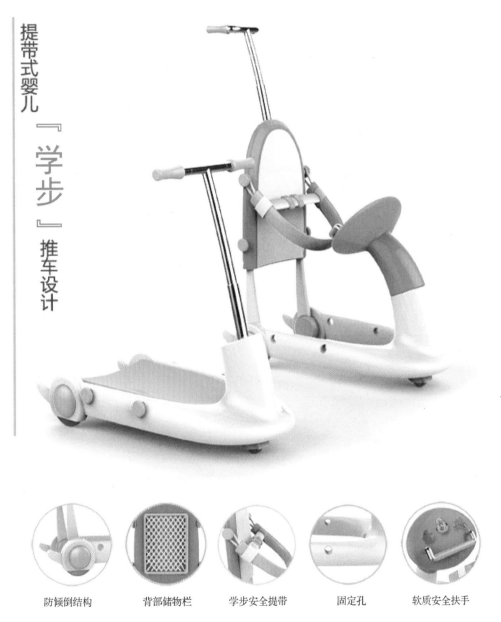

防倾倒结构　　　背部储物栏　　　学步安全提带　　　固定孔　　　软质安全扶手

图 7-44　提带式婴儿学步推车（赵军、陶一峰　设计）

3. 黄色系

黄色洋溢着乐观的气息。金黄色寓意美好的未来。黄色在背景色中很突出，象征乐观和活力，同时也有警示作用。例如，交通信号灯有黄灯，大家在工地上经常见到的工程机械主要用的就是黄色配色。

产品用黄色作为主色的案例如图 7-45 和图 7-46 所示。

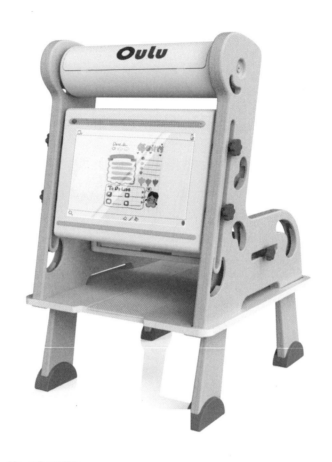

●学画操作步骤：

❶ 用手机App选画

❷ 拓绘临摹学画

❸ 用划刀取画收藏

❹ 亲子互动，拓展益智

图 7-45　儿童智能学绘画系统设计（赵军、宋佳文、应尚颖 设计）

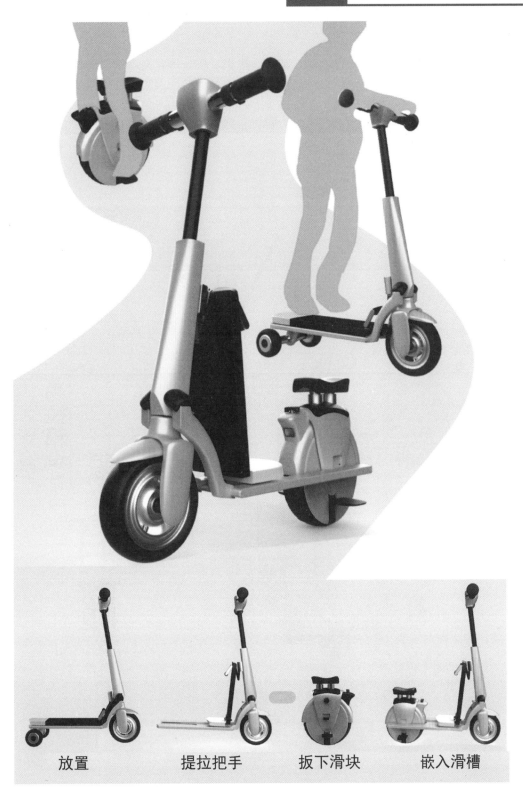

放置　　　　提拉把手　　　扳下滑块　　　嵌入滑槽

图 7-46　平衡一体滑板车（邓明杨、刘建芳、周丽先 设计）

4．绿色系

在产品设计中，绿色表达的是原始、清爽、生态、生长等含义，很多与服务行业、医疗保健行业相关的产品会选用绿色。绿色还能够减少视觉疲劳，人眼睛喜欢接受绿色的程度仅次于蓝色。

产品用绿色作为主色的案例如图 7-47～图 7-49 所示。

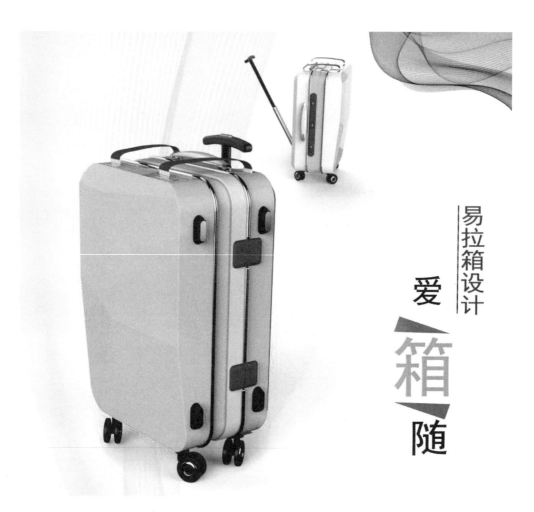

图 7-47 "爱箱随"旅行箱（周丽先、赵军 设计）

"韵律秋千" 設計
GRADUATION DESIGN

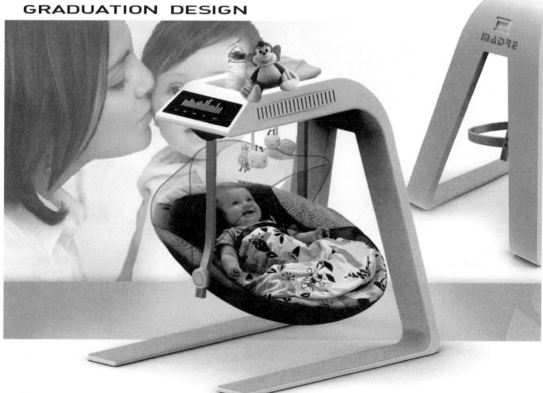

设计说明：
在"韵律秋千"的设计中，贯穿着"关爱儿童"的人文意义。本设计通过识别宝宝的哭闹声来调节秋千摆动的幅度，从而起到安抚宝宝的作用。本设计还有音乐播放的功能，通过音乐帮助宝宝睡眠。这样可以在一定程度上解放父母的双手，让他们能够有时间忙自己的事情。

Design Notes:
In the "rhythm swing" design, through the "child" humanistic significance. Designed to adjust the amplitude of the swing by identifying the baby's crying sound, which play a soothing effect of the baby. This design features as well as a music player, music can help your baby sleep through.
This liberation of the hands of the parents to some extent, so that they can have time to busy with their own thing.

"关爱儿童，解放父母双手"

图 7-48　韵律秋千设计（赵军、胡琴 设计）

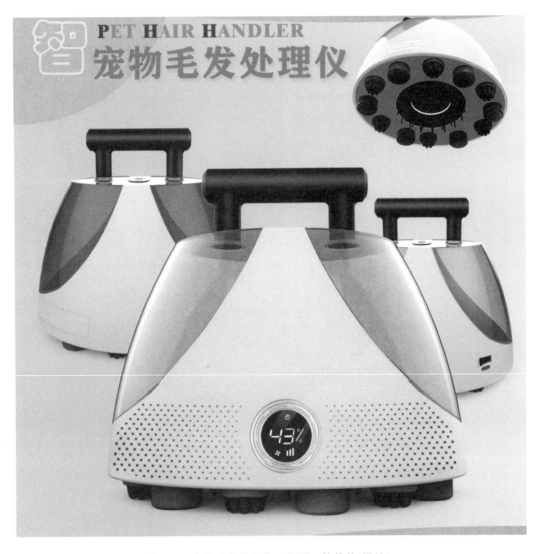

图 7-49　宠物毛发处理仪（赵军、林慧慧 设计）

5. 蓝色系

蓝色会给人理智、沉稳、广阔的印象。在产品设计中，蓝色多用于科技感强的产品。很多现代企业用蓝色作为企业的标识。

产品用蓝色作为主色的案例如图 7-50～图 7-52 所示。

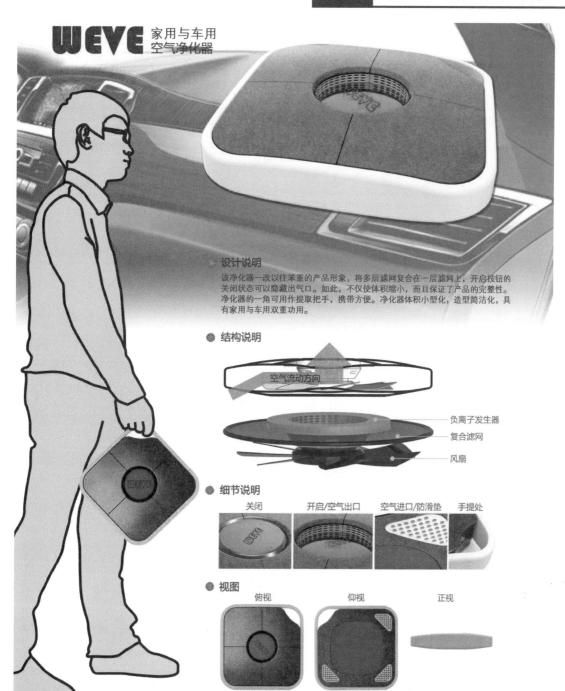

设计说明

该净化器一改以往笨重的产品形象，将多层滤网复合在一层滤网上，开启按钮的关闭状态可以隐藏出气口。如此，不仅使体积缩小，而且保证了产品的完整性。净化器的一角可用作提取把手，携带方便。净化器体积小型化，造型简洁化，具有家用与车用双重功用。

● **结构说明**

空气流动方向

负离子发生器
复合滤网
风扇

● **细节说明**

关闭　　开启/空气出口　　空气进口/防滑垫　　手提处

● **视图**

俯视　　　仰视　　　正视

图 7-50　家用与车用空气净化器（诸暨泛思设计有限公司　设计）

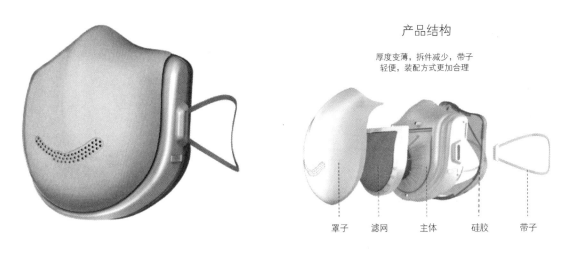

产品结构

厚度变薄，拆件减少，带子
轻便，装配方式更加合理

罩子　滤网　主体　硅胶　带子

图 7-51　个人新风系统（深圳匠意科技开发有限公司　设计）

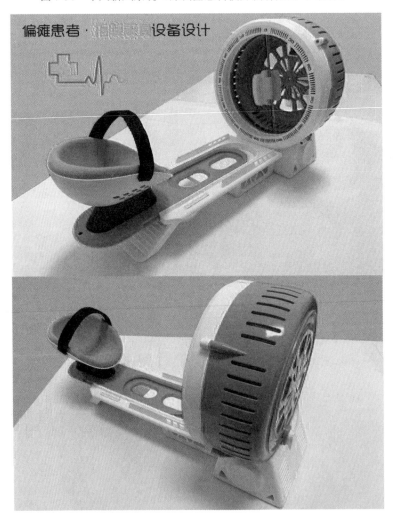

图 7-52　偏瘫患者指腕康复设备设计（赵项　设计）

6. 黑灰色系

黑色与灰色代表权威、强大。在产品设计中，黑灰配色显得稳重，很多电子产品喜欢用黑色，如音响、相机等。

产品用黑色与灰色作为主色的案例如图 7-53 和图 7-54 所示。

图 7-53　全球最小的桌面空气净化器（深圳匠意科技开发有限公司　设计）

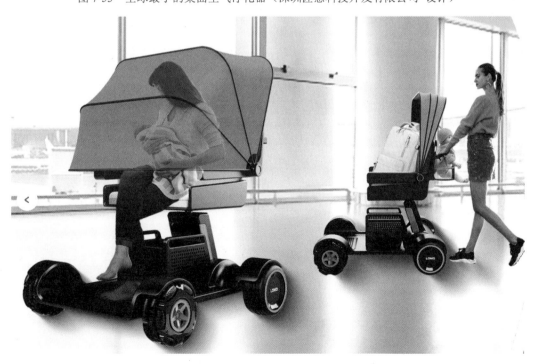

图 7-54　智能共享母婴车（宁波大学　龚亦萱、张竞尣　设计）

7. 银色系

银色具有高端、科技的视觉感受。银色往往用在一些高档产品上面，如苹果公司的产品外观喜欢用银色。

产品用银色作为主色的案例如图 7-55～图 7-57 所示。

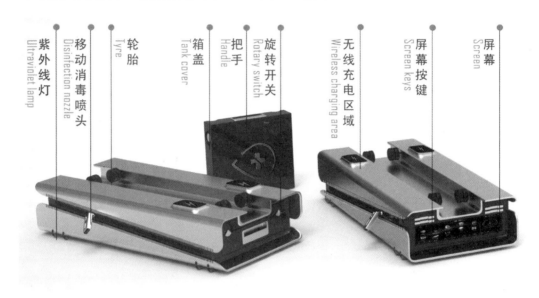

图 7-55　吊柜式车厢消毒器（张靖国、童玉琴、赵军 设计）

图 7-56　智能轮椅（浙江万丰科技开发股份有限公司 设计）

图 7-57　榨汁机（赵军、张明 绘）

7.6　产品色彩的属性

7.6.1　色彩冷暖

在色彩学中，把不同色相的色彩分为冷色和暖色。例如，红、橙、黄等颜色被称为暖色，青、绿等颜色被称为冷色。但是，色彩的冷暖既有绝对性，又有相对性，越靠近橙色，其色感越暖；越靠近青色，其色感越冷。在色彩设计中，可以充分运用色彩的冷暖属性阐明产品的特质，如空气清新器、冰激凌机等产品多使用中性色彩或偏冷的色彩，而暖风机等取暖设施多用暖色。暖风机用暖色配色的案例如图 7-58 所示。

图 7-58　暖风机（马黎 绘）

7.6.2　色彩重量

　　色彩重量主要取决于颜色的明度，明度高的色彩显得轻，明度低的色彩则给人沉重的感觉。例如，黄色、白色给人轻的感觉，而蓝色给人重的感觉。在色彩设计中，通常以此达到平衡和稳定构图的目的，还可以达到表现某种性格的目的，如庄重、轻盈等。在一些重型机械产品的设计中，为了减轻形体的体量带来的压抑感，往往采用明度较高、纯度较低的色彩。对于形体较小的产品来说，可以采用低明度的色彩来增加稳定感，如图 7-59 所示的手持电钻。

图 7-59　手持电钻（赵军、马黎 绘）

7.6.3　色彩尺度

影响物体大小的色彩因素是色相和明度。暖色和明度高的色彩具有扩散作用，因此物体显得大，而冷色和明度低的颜色具有内聚作用，因此物体显得小。不同的冷暖和明度有时可以通过对比作用显示出来，设计师可以利用色彩来改变物体的体积和空间感，使产品各部分之间的关系更为协调，如图 7-60 所示的鼠标。

图 7-60　鼠标（马黎、赵军 绘）

★ 提示：

下面是产品色彩设计应该注意的问题。

（1）色彩主调：色彩配置的总倾向性。任何产品的配色都应有主色和辅助色，只有这样，才能使产品的色彩既有统一性，又有变化性。色彩种类不宜过多，这样效果图整体感会较强。

（2）色彩和谐：色彩在搭配上要着眼于自然而又融洽的美。

图 7-61 为学生在搭配色彩。

图 7-61　学生在搭配色彩

【思政讲堂】

【思政元素 1】传统文化与设计美学。

中国旗袍服饰的美

旗袍是一种传统服装，被誉为中国国粹和女性国服，不仅拥有独特的形式美感和装饰美感，还是我国多民族和多元文化不断交流、融合的例证与产物。

旗袍原为满族妇女的服装，最初是一种直身宽袍。从五四运动到 20 世纪二三十年代，旗袍经过多次演化和改进，成为靠腰贴身的轻便女装，从普通妇女到上流社会广为流行。一百多年来，改良旗袍一直是中华民族代表性服装。旗袍服饰的设计类型也分很多种，有开襟款、开衩款、长袖款、半袖款。开襟款旗袍就有如意襟、琵琶襟、斜襟、双襟之分。根据领口造型不同，旗袍还可以分为高领款、低领款及无领款。开衩款旗袍又分为低开衩和高开衩两种。旗袍设计细节蕴含了大量的中国传统文化元素。作为中国传统最具代表性的女性经典服饰，它彰显了儒家礼教倡导的中庸、优雅、端庄、含蓄的精神传统，内含一种"和"的美。旗袍平稳的构造、简洁的线条、独特的领式、古朴的纽扣形制、富有诗意的织锦与图案，无不彰显着穿者的体态美，更是身份和地位的象征。

其实，除了旗袍，中国传统服饰有许多经典艺术美学需要我们去传承。当前流行的中式新婚礼服（如旗袍服、秀禾服、龙凤褂、凤冠霞帔）很多款式就是继承典型的汉、唐、明、清传统服饰的风格和设计特点，并在此基础上改良来的，深受年轻人喜爱。中国传统服饰的形态、色彩、针绣图案等都蕴含一定的传统美学，是老祖宗遗留下来的宝贵物质文化财富，值得我们学习和传承。

【思政元素 2】努力不嫌老，坚持定成功。

一代建筑大师何镜堂的建筑设计之路

提到何镜堂，你可能不太熟悉，但他的作品你肯定都非常了解。

何镜堂是著名的建筑设计师，1938 年 4 月出生于广东省东莞市，其建筑作品完美展现了中国文化特色和时代烙印。他先后主持设计了上海世界博览会中国馆、南京大屠杀遇难同胞纪念馆、广州国际金融中心、广州国际会展中心、西汉南越王博物馆等 2000 多个建筑精品。

何镜堂从小就喜欢数理化，也非常喜欢绘画。后来，他在老师的鼓励下考上了华南工学院建筑学专业。何镜堂虽然顺利地从建筑学专业毕业，但在之后的 20 多年间并没有设计过一个完整的作品，他的建筑设计成长历程真的可以称为大器晚成。

20 世纪 80 年代，40 多岁的何镜堂感觉在原来的公司并没有实现自己的理想，于是回到母校任教。一次偶然的机会，校领导对他说深圳市要设计科学馆。何镜堂听后，感觉机会来了。之后，何镜堂和夫人通宵达旦地设计深圳科学馆，还做出了一个简单模型。就这样，在招标当天下午，工作人员就通知何镜堂中标了。这时的何镜堂已经 45 岁了，深圳科学馆也是他设计的第一个"像样"的设计。

在一次节目现场，主持人撒贝宁惊讶地问："何老，听说您在 45 岁前一个作品都没有？"何镜堂说："没有作品，出于各种各样的原因，没有机会搞创作。"撒贝宁还开玩笑地说："那现在的年轻人也可以玩到 45 岁。"何镜堂教授开心地应和道："可以玩，没关系的，只要努力，永远不迟。"

　　何镜堂教授说得没错，努力是不怕迟的。当然，何镜堂 45 岁前并不是在玩乐中度过的，他对自己的要求一点儿也不松。他在这 45 年中不断地学习和积累，为后期的创作奠定了基础。所以，何时努力都不晚，只要一直坚持，成功最终会来到你的身旁。

单元训练和作业

一、课题内容

通过大量临摹掌握马克笔、彩铅、色粉等常用绘图工具的特性和绘制技巧。

二、作业要求

1. 用马克笔进行正方块加减形体着色练习（1 张）。
2. 请从本章中随意找 7 幅效果图，用马克笔临摹练习，每天一幅，坚持一周。

第8章

手绘产品设计实战

8.1 设计企业项目案例

8.1.1 宁波创佳工业设计有限公司汽油链锯设计项目

项目产品：伐木用汽油链锯。

项目定位：伐木、园林修剪等场合使用的一款切割工具。

设计要求：简洁、美观、轻便、安全。

设计分析：汽油链锯是以汽油机为动力的手提锯，主要用于伐木和造材，其工作原理是靠锯链上交错的 L 形刀片横向运动来进行剪切动作。传统的链锯一般在使用过程中容易暴露在脏的环境中，产品美观性差，而且把手等人机操作性差，希望通过一个新的设计形式进行产品改良。

伐木用汽油链锯效果图如图 8-1～图 8-3 所示。

图 8-1　伐木用汽油链锯效果图（1）（宁波创佳工业设计有限公司　设计）

图 8-2　伐木用汽油链锯效果图（2）（宁波创佳工业设计有限公司　设计）

图 8-3 伐木用汽油链锯效果图（3）（宁波创佳工业设计有限公司 设计）

设计案例及评价：这个设计主要是以外观设计和人机交互设计为主，在结构和功能上未对传统产品进行大幅度改进。在结构方面，采用三把手设计，让人使用时更加方便；在色彩上以蓝色为主，对于易脏的部位采用黑色，合理搭配。

8.1.2 绍兴朔方工业设计有限公司家用三明治炉设计项目

项目产品：三明治炉。

项目定位：家用、美观、时尚。

设计要求：操作简单，方便打理。

设计分析：三明治是一种西式点心，即夹心面包，又称汉堡包。三明治炉主要由热腔体、电热元件、温控元件、外壳等组成。热腔体是直接工作的元件，由上、下两部分组成，腔体内形有三角形、长条形、长方形、小方形、梅花形等。传统的三明治炉一般体型较大，不适合家用，而且造型一般较工业化，外观较差。随着生活水平的提高，一些人习惯在自己家里进行各种食品的制作，因此三明治炉家用化设计自然有一定的市场需求。

设计案例及评价：这款产品采用食品级优质进口不锈钢全新环保材料，外观如艺术品般有质感，产品整体细节设计较好，操作方便，双指示灯设计等让用户对使用状态了如指掌。产品在整体上采用黑灰色调，彰显高端品质，内部采用条状结构，方便清洗和打理，是一款适合家用的小型三明治炉。

图 8-4 为三明治炉效果图及爆炸图。

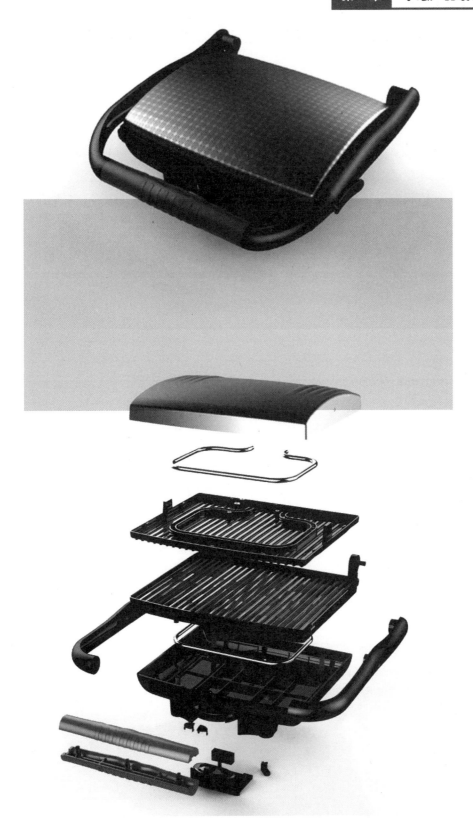

图 8-4 三明治炉效果图及爆炸图（绍兴朔方工业设计有限公司 杨跃刚 设计）

8.1.3 深圳匠意科技有限公司桌面级空气净化器设计项目

项目产品：小型空气净化器。

项目定位：全球最小的空气净化器。

设计要求：办公或家用、小型化、桌面化、时尚美观。

设计分析：加湿器是一种增加房间湿度的家用电器。加湿器可以给指定房间加湿，也可以与锅炉或中央空调系统相连，给整栋建筑加湿。家用加湿器主要分为超声波加湿器和纯净型加湿器两种。超声波加湿器通过风动装置，将水雾扩散到空气中，使空气湿润并伴生丰富的负氧离子，达到均匀加湿的目的，能清新空气，增进健康，一改冬季暖气的燥热，营造舒适的生活环境；纯净型加湿器通过水幕洗涤空气，在加湿的同时还能对空气中的病菌、粉尘、颗粒物进行过滤净化，再通过风动装置将湿润洁净的空气送到室内，从而提高环境湿度和洁净度。

该款空气净化器在设计时应该具有以下特点。

（1）体积感小，但功率大。

（2）风格简约，可以有金属感。

（3）色彩简单，有设计感。

（4）噪声小，具有一定的智能性。

小型空气净化器效果图如图 8-5 所示。

小型空气净化器原理图如图 8-6 所示。

图 8-5　小型空气净化器效果图（深圳匠意科技有限公司 设计）

设计案例及评价：这个设计消除了传统空气净化器体积大、噪声大等诸多缺点，让净化器桌面化，更加美观时尚。该款产品是当时全球最小的空气净化器，因此获得了市场的青睐。

该净化器放在桌面上,犹如一个时尚摆件,而且与用户拉近距离,更易净化用户周边的空气,所以用户评价极高。

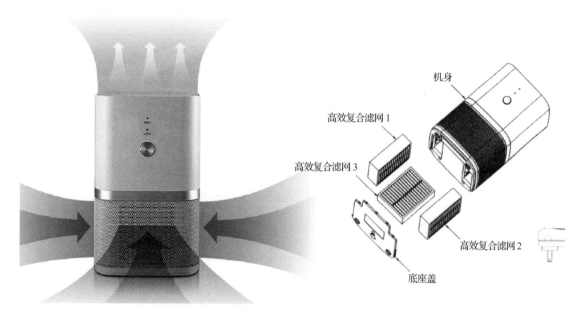

图 8-6 小型空气净化器原理图(深圳匠意科技有限公司 设计)

8.1.4 绍兴朔方工业设计有限公司冲击钻设计项目

项目产品:冲击钻。

项目定位:商用、轻巧、动力强劲。

设计要求:材质创新、符合人机工学、简约大气。

设计分析:冲击钻是一种商用电动工程工具,以旋转切削为主,兼有依靠操作者推力产生冲击力的冲击机构,用于在砖、砌块及轻质墙等材料上钻孔。冲击钻既可以用"单钻"模式工作,也可以用"冲击钻"模式工作。冲击钻的主要部件包括电源开关、倒顺限位开关、钻头夹头、电源调压及离合控制钮、改变电压实现二级变速机构、辅助手把、定位圈、壳体紧定螺钉、顺逆转向控制机构、机内的齿轮组、机壳绝缘持握手把。

冲击钻效果图及手绘设计图如图 8-7 所示。

设计案例及评价:这款产品设计轻巧,体积与传统产品相比略小,但强韧有劲、动力十足,每分钟 40000 多次的冲击频率可产生连续的力,可应用于石头或混凝土。钻头夹头处有调节旋钮,可调节单钻和冲击钻两种工作方式。产品的把手很好地考虑了人机工程学设计,防滑舒适手柄,加上 360 度旋转副手柄,适合不同左右手习惯的工作者使用;机身铝材和 ABS 材料搭配,橙黑色彩搭配,极具色彩美学,又符合这类工具使用中的色彩警示安全需要。该设计整体结构非常严谨,产品各个部分功能分区也很明确,外观流畅且整体造型饱满,是一个优秀的工程工具设计。

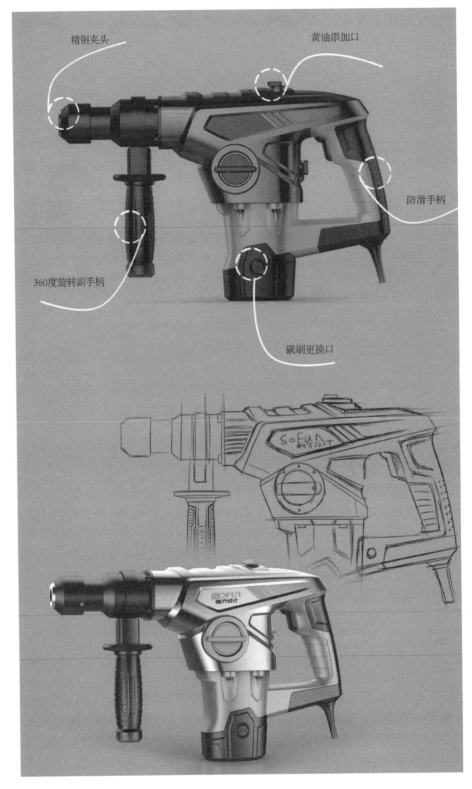

图 8-7　冲击钻效果图及手绘设计图（绍兴朔方工业设计有限公司 杨跃刚 设计）

8.2　国内知名工业设计竞赛信息

8.2.1　2016年绍兴市第三届工业设计大赛实战与案例赏析

1. 竞赛主题及内容

竞赛主题：智汇绍兴，设计未来。

作品内容：

（1）工业产品：电子信息、装备制造、家居用品、办公用品、轻便交通。

（2）工美创新：传统工艺品、服装服饰、珠宝首饰、特色礼品。

（3）绿色生活：医疗保健、运动休闲、绿色环艺、清洁能源。

2. 参赛对象

市域范围内企业、设计机构、设计师、院校师生、设计爱好者等。参赛者可以个人或小组（每组不得超过 3 人）形式参加比赛。凡院校学生参加的，需在报名表中填写指导教师信息，指导教师数最多不得超过 2 名。

3. 大赛组别

大赛根据参赛作品，分创意设计和产品设计两个组别。

4. 参赛申报材料

（1）创意设计组：每件参赛作品需提交精度不低于 200dpi 的设计说明版面（电子文件即可，格式为 JPEG）。版面大小为 1600mm×600mm 图幅，版面内容包含产品名称、产品照片或效果图、必要的结构图、基本外观尺寸图、使用图解及说明文字等，在版面中标注"2016 年绍兴市第三届工业设计大赛"字样。提交作品以"设计作品名"命名，并与报名表一致。

（2）产品设计组：除提供与概念设计组相同形式 1600mm×600mm 图幅的设计展示版面外，还需提供产品模型或样品。

5. 优秀获奖作品案例

2016 年绍兴市第三届工业设计大赛优秀获奖作品案例如图 8-8～图 8-11 所示。

目前有许多沙滩因为过度开发污染情况很严重，加之浮游藻类的入侵，沙滩清洁已成为像宁波这样的海滨城市的热门话题。

本设计通过前方三面刀头的春铲将沙滩上的各类垃圾连同沙子送入车中，每个刀头都带有三个弹簧以适应各种不平的沙滩，然后通过三个车厢之中的振荡器对垃圾进行按级分类处理，最后从尾部刷处理后的沙子排出并且用刷子刷平。

该车采用柴油太阳能混合能源技术，背部多面弧线能够尽量地利用海滨的太阳能，切合当今绿色环保的主题。独特新颖的外形，灵感来源于甲壳类海洋生物，与其工作环境相呼应。

There are many beaches because of over-exploitation of light pollution is serious, plusInvasion of planktonic algae, beach cleaning has become hot topics in seaside cities like Ningbo

The design of the front three sides through volumes shovel blade types of garbage on the beachRubbish into the car with sand, each blade comes with three suspension springsAdapt to uneven sandy beach. Then through the three compartments of the oscillatorFor garbage classification by grade, the last from the end of the treatment, the sand discharge and with a brush flat.

Diesel hybrid car uses solar energy technology, multi-faceted arc backAs much as possible the use of solar waterfront, meet today's green masterQuestions: Unique new shape, inspired by marine crustaceans, and Their work environment echoes.

座舱

操控台

三面刀头

电池模块

履带

卷刀

图 8-8　沙滩垃圾清理车（2016 年绍兴市第三届工业设计大赛概念组金奖作品）

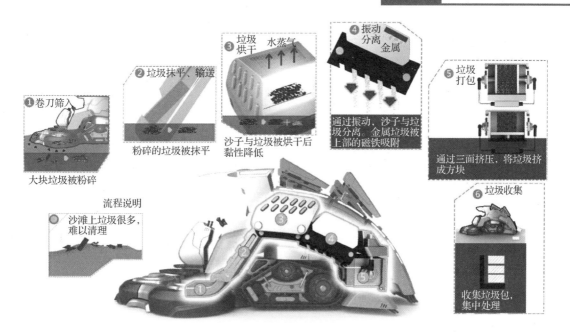

①卷刀筛入

大块垃圾被粉碎

②垃圾抹平、输送

粉碎的垃圾被抹平

③垃圾烘干　水蒸气

沙子与垃圾被烘干后黏性降低

④振动分离　金属

通过振动，沙子与垃圾分离，金属垃圾被上部的磁铁吸附

⑤垃圾打包

通过三面挤压，将垃圾挤成方块

⑥垃圾收集

收集垃圾包，集中处理

流程说明

◎沙滩上垃圾很多，难以清理

图 8-9　沙滩垃圾清理车使用原理（2016 年绍兴市第三届工业设计大赛概念组金奖作品）

图 8-10　儿童音乐培养类玩具（2016 年绍兴市第三届工业设计大赛概念组银奖作品）

多场景使用
Multi-scene Use

|自由编曲模式|
小朋友可以一边击打琴键一边在磁性面板上记录自己喜欢的旋律，并可以反复修改，直到满意为止

|家长＋孩子互动模式|
家长在磁性木板上排列好小木块，孩子按照小木块顺序依次在对应颜色的琴键上敲打出旋律

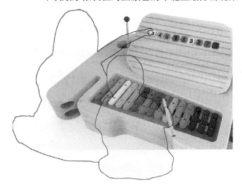

爆炸图说明
Illustration of Exploded View

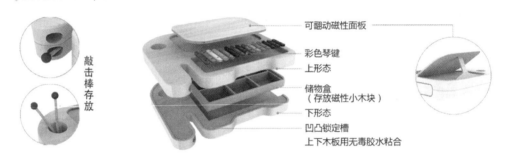

图8-11　儿童音乐培养类玩具（2016年绍兴市第三届工业设计大赛概念组银奖作品）

8.2.2　绍兴市文化创意产品设计大赛实战与案例赏析

1. 活动主题及内容

活动主题："文化旅游、创意开发、跨界融合"。围绕反映绍兴历史、人文风情、特色旅游的文化内涵，用文化旅游创意产品的形式来展示绍兴文化的魅力，实现绍兴文化与旅游产业的融合。

活动内容：

（1）文化旅游创意设计比赛。

（2）文化旅游创意产品评选。

（3）文化旅游创意设计论坛。

（4）颁奖、成果展示。

2. 参赛对象

全国范围内的企业、设计机构、设计师、院校师生、设计爱好者等。参赛者可以个人或小组（每组不得超过3人）形式参加比赛。凡院校学生参加的，需在报名表中填写指导教师

信息，指导教师最多不得超过 2 名。

3. 比赛要求

（1）创意类设计。以大中专学生为主的创意类设计，主要包括文化旅游产品创意的概念设计、外观设计、包装设计、平面设计等视觉类设计。参赛者要提供设计稿件，可进行产品开发。

（2）产品类设计。以企业（专业设计公司）为主的产品类设计，主要包括既具有文化旅游创意、产品功能、科技应用等方面的创新和提升，又具有绍兴文化内涵和元素的产品。参赛者要提供实物样品，可进行展示、展销。

4. 提交方式

所有参赛作品均以电子稿形式提交，无须邮寄纸质材料。上传图片为 JPEG 格式，300dpi 精度，A2 幅面（420mm×594mm）竖向排版，能够满足大幅面喷绘和印刷要求；产品类作品在提交图片的同时，还应提交实物产品或者模型，并以企业或知识产权拥有主体填写报名表，提交给组委会执行秘书处指定联络人（见报名表）。

5. 优秀获奖作品案例

绍兴市文化创意产品设计大赛优秀获奖作品案例如图 8-12～图 8-14 所示。

图 8-12 女儿红酒瓶创意设计（绍兴市文化创意产品设计大赛银奖作品）

图 8-13　女儿红酒瓶创意设计（绍兴市文化创意产品设计大赛银奖作品）

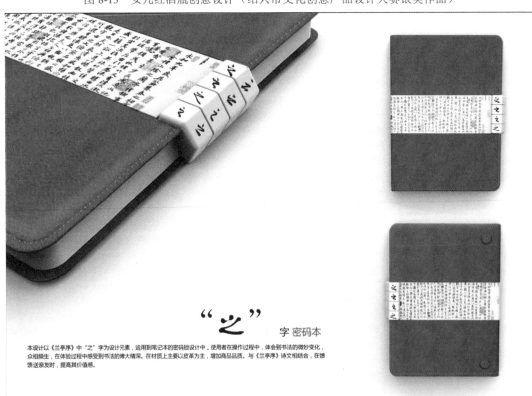

"之" 字 密码本

本设计以《兰亭序》中"之"字为设计元素，运用到笔记本的密码锁设计中，使用者在操作过程中，体会到书法的微妙变化，众相频生，在体验过程中感受到书法的博大精深。在材质上主要以皮革为主，增加商品品质。与《兰亭序》诗文相结合，在馈赠送亲友时，提高其价值感。

图 8-14　"之"字密码本（绍兴市文化创意产品设计大赛铜奖作品）

8.2.3　浙江省第十四届大学生工业设计竞赛实战与案例赏析

1. 竞赛主题

竞赛主题：文道·匠心。

竞赛命题范围：

创新驱动发展，设计改变生活。宋代周敦颐在《通书·文辞》中提出："文所以载道也。"时代呼吁兼具文道之美和独具匠心的好设计。文道是灵魂，以文化融入设计，讲好中国故事，传播中国形象；匠心是精神，通过精益求精的设计和千锤百炼的技艺，展示中华文明的精神标识和文化内涵。

随着当下数字经济的发展和人工智能的技术突破，设计师需要站在更高的维度。一方面，设计师要关注传统文化的创造性转化和创新性发展，以设计美学推进文化 IP 价值变现，提升文化软实力；另一方面，设计师要关注科艺融合+数字智能+文化驱动力，以设计营造诗意生活，增强设计自信。

参赛者需围绕主题，从浙江省有代表性的宋韵文化、大运河文化遗产、非遗技艺、民俗风情、红色文化等方面汲取灵感，将其应用到日常生活产品的创新重构中。

2. 参赛形式

竞赛分为两个阶段：初赛和复赛。

（1）初赛：以个人或小组（每组不超过 3 人，若超过 3 人则取前三位作者；参赛个人或小组的指导教师人数不超过 3 人）形式设计参赛作品，各学校经初评上报，并提交参赛设计方案电子稿，由浙江省大学生工业设计竞赛委员会专家组评审。得分排名靠前的占总数 30%的作品进入复赛，角逐一等奖和二等奖。得分排名靠前占作品总数 35%的作品减去进入复赛的作品为三等奖作品，进入复赛未获奖的作品也为三等奖。

（2）复赛：复赛作品需进一步设计，并制作模型、展示版面和 PPT 文件等。参赛者通过现场答辩角逐特等奖、一等奖和二等奖。每个参赛组的答辩时间不超过 8 分钟（先由参赛者简要介绍作品构思、主要创新点，并进行现场操作演示等，时间控制在 5 分钟；然后，专家提问并由参赛者回答）。

3. 评选标准

创新性（40 分）：围绕主题，通过对社会、城市环境、人的行为的观察和调研分析来挖掘新的生活方式构想，以产品或服务为载体，通过整合现有技术，寻找在当前社会生活中存在的市场机会。强调结合社会生活的实际情况，解决社会生活中的实际问题，从大处着眼，从小处着手，使设计为提升人类生活质量而努力。

市场性（20 分）：正确理解大赛的主旨，有效与本省市产业经济结合，有效与当前社会生活问题相结合，尽量使设计成果的社会惠及面广，倡导正确的设计价值观。

可行性（20 分）：为配合大赛主题，设计者应关注设计创意与当前市场需求的结合，充分考虑当前技术条件和技术限制，产品可进行批量生产制造，市场推广前景好。

表达清晰性（20 分）：对产品的效用、功能和使用方式的表达清晰。

4．作品要求

（1）初赛要求：

参加初赛时只需提交精度为 72dpi 的电子文件，版面大小为 A3（297mm×420mm），供专家评委网络评选。每件参赛作品只能提供一个（横构图）版面，版面内容包含主题、效果图、必要的结构图、基本外观尺寸图及说明文字等。上交的参赛作品的电子版请以学校为单位编号和命名，如"××大学 005"，并且与报名表信息一一对应。

（2）复赛要求：

参加复赛的作品版面大小为 800mm×1800mm，需电子稿和电子演讲稿，竖构图，JPEG格式，精度为 120dpi。每件参赛作品提供不超过一个版面，版面内容包含主题、效果图、必要的结构图、基本外观尺寸图及说明文字等。电子演讲稿的格式可以是 PPT 或者 Flash形式。

5．优秀获奖作品案例

浙江省第十四届大学生工业设计竞赛优秀获奖作品案例如图 8-15～图 8-17 所示。

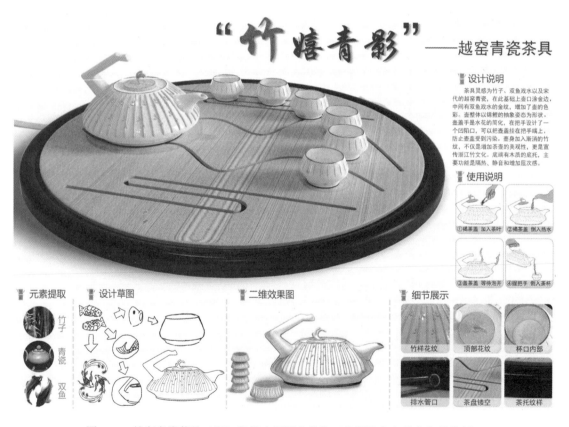

图 8-15　越窑青瓷茶具（浙江省第十四届大学生工业设计竞赛获奖作品赏析）

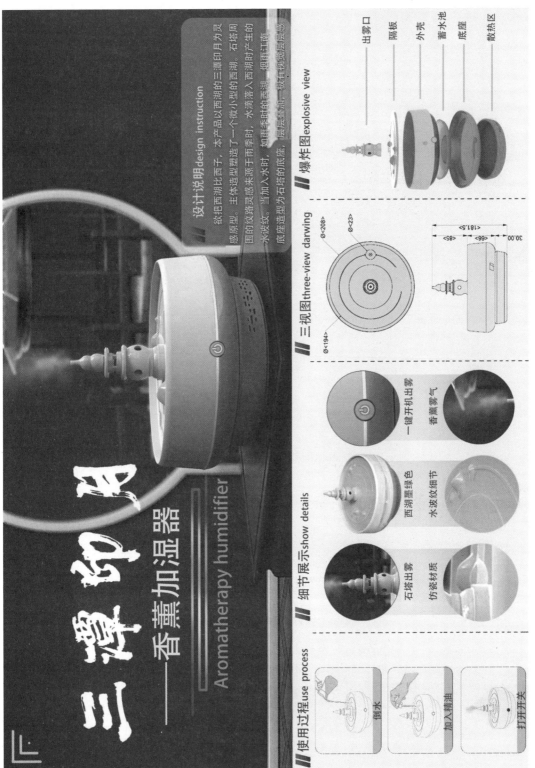

图 8-16 香薰加湿器（浙江省第十四届大学生工业设计竞赛获奖作品赏析）

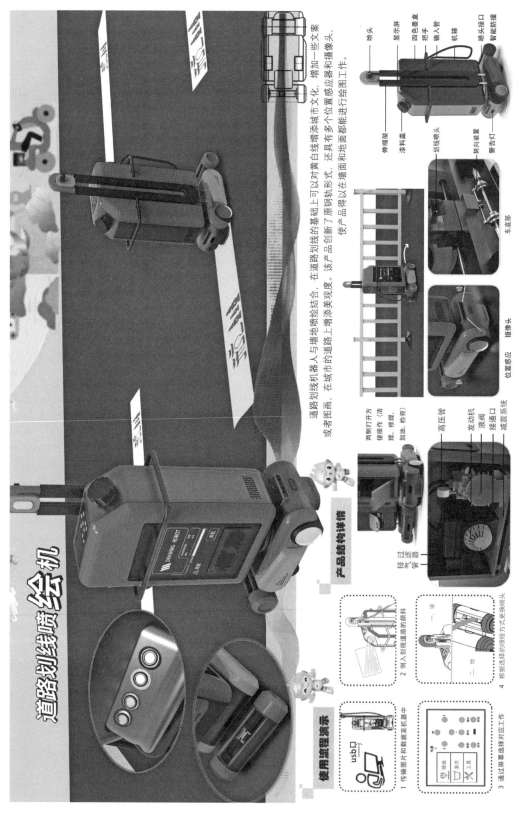

图 8-17　道路划线喷绘机（浙江省第十四届大学生工业设计竞赛获奖作品赏析）

8.3 创新设计与思维

8.3.1 设计中常用的创新思维方式

1. 头脑风暴法

在产品设计中,大部分人的思维往往是单向的、线性的,不能真正发散或逆向思考。在设计中采用头脑风暴法的确有利于设计师打开思维,自由畅想,改变简单模仿或抄袭的状态,使设计产生崭新的创意。

头脑风暴法的组织一般是一种讨论形式,特点是让参与者敞开思想,使各种设想在相互碰撞中激起脑海的创造性风暴。在这个过程中,参与者更多的是提出问题,而不是针锋相对地反驳对方,否定某个观点。头脑风暴法很重要的一点就是对方案数量的要求,要求在特定的时间内有尽可能多的想法,而并不急于做出评价,这非常符合设计者在进行设计构思时的思维方式。

图 8-18 为由手机引发的头脑风暴思维发散图。

图 8-19 为头脑风暴式设计发散思维图。

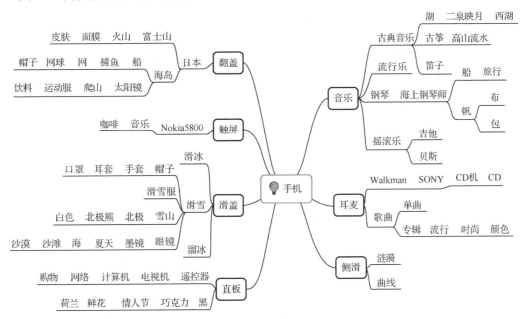

图 8-18 由手机引发的头脑风暴思维发散图

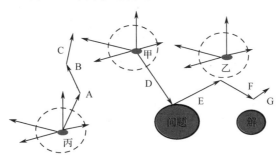

图 8-19 头脑风暴式设计发散思维图

2. 利用手绘草图进行创新思维发散

在设计中，很多设计师绘制与收集草图方案和整理设计方案，用笔构思产品形态和结构。这是因为，单纯想是行不通的，利用计算机软件设计或制作模型又比较慢，而手绘草图不仅可以把思考的内容画出来，还可以根据画的内容思考设计的合理性，以进一步完善。

图 8-20 为启瓶器与草图设计思维过程。

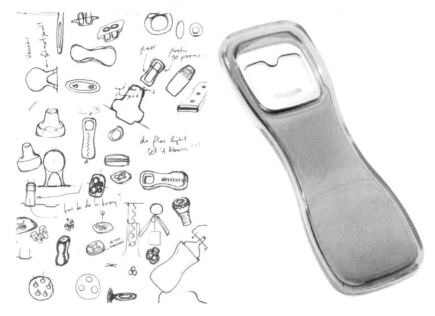

图 8-20　启瓶器与草图设计思维过程

3. 即时贴风暴法

这种方法类似头脑风暴法，但开展形式不太一样。设计师可以利用即时贴随时记录自己或团队成员的创意和想法，然后整理有用的材料，进一步完善设计。这种方法一般较少被使用，但确实是一种有效的创新方法。

利用即时贴进行创新思维发散如图 8-21 和图 8-22 所示。

图 8-21　利用即时贴进行创新思维发散（1）

图 8-22　利用即时贴进行创新思维发散（2）

4. 关键词意象拼图法

在产品设计中，设计师可以收集一定的现有产品、用户、使用环境或场景等图片，将其进行适当的排列，寻找它们的共同点、不同用户的共同需求或现有产品的共同缺陷等，用几个关键词进行总结分析，以找出设计的突破点，这也是一种常用的设计方法。

关键词意象拼图如图 8-23 所示。

图 8-23　关键词意象拼图

8.3.2 创新设计的方式

设计是一种创造，在对事物进行筹划的过程中形成创意，创意是所有物质方式中最接近意识的部分。创意有多种呈现方式，开始或许是稍纵即逝的灵感，最终是文稿或设计图。创意是长期感悟的结果，而创造性思维是设计的命脉。设计是一种智力资源，它以生动灵活的、充满新锐想法的创意，引领我们去触摸、去追求更高品质的生活，为平淡的生活增添温馨的色彩。

创新思维跟一般的思维是不一样的。一般的思维从概念、判断到推理，从感觉、知觉到记忆，而创新思维不是这种思维方式。创新思维是以超常规乃至反常规的视角和方法去观察处理问题，同时提出与众不同的解决问题的方案。创新思维有以下三个特点。

（1）必须有新的视角，不能用旧的视角、老的观点。

（2）方案必须是新的。方案的新在于有一种新的解决问题的方案。

（3）提升人们的主体创新能力。

如果不符合以上三点，就不是创新思维。

基于以上原则，真正的创新设计包括两种情况：从无到有的设计和从有到新的设计。

1. 从无到有的设计

从无到有的设计就是完全创新，就是设计师根据用户的需求，提出一种新的产品设计方案，解决现有生活或工作中新产生的问题。这些问题可以是一直存在的，也可以是随着时代的发展产生的。例如，对共享单车（如图8-24所示）的设计就是这样的设计创新案例，从无到有，以一种新的设计创新理念带给人们方便。

图8-24 风靡一时的共享单车

2. 从有到新的设计

从有到新的设计，即改良设计，就是调研和分析现有的产品存在的问题和缺陷，进行改进，将其以一种新的外观、结构、功能、工艺或材料呈现出来。例如，苹果手机每 1～2 年改进一次，更新外观、功能等。有时新产品与旧产品相差不大，我们也可以叫这种创新为"微创新"。

三星曲屏手机、曲屏电视机开创手机和电视机领域的外观新时代，让众多厂商竞相效仿，如图 8-25 所示。这种改变没有改变产品的本质，产品还是手机或电视机，只是因为技术、结构的改变，使外观、功能变得更美观、更合理。单从技术讲，这是一种全新的技术，但由于旧的产品早已存在，总体来讲还是一种改良设计。这种改良设计的创新是产品设计中使用最多的设计方法。

图 8-25　曲屏技术现已广泛应用于手机、电视机及其他领域

扫描二维码，观看"创新思维的方法"教学视频

8.3.3　产品创新设计的考虑因素

产品设计重点考虑三个因素：一是定位使用人群、使用环境；二是定位功能，以功能确定外观和结构；三是细节决定成败。只要把握好以上三点，基本上设计就不会失败。但是，在设计中，产品设计需要涉及的内容非常广泛，从造型到结构，从功能到细节，从材料到工艺，基本都会涉及，每个环节都需要仔细斟酌和考虑，而且环环相扣，一个环节没做好就可能导致设计的失败。

1.　造型设计的想象空间

好的造型能给人一定的审美想象空间，好的造型绝不是仅塑造"型"本身，而是通过"型"之间的关系来构造一个有意味的想象空间。因此，一般好的造型都较抽象，让人一时意识不到造型的来源，但通过想象或别人介绍可以意识到。这样的设计才是造型设计的最高境界。

当然，这也不是绝对的。图 8-26 和图 8-27 是两个充满想象的设计案例。

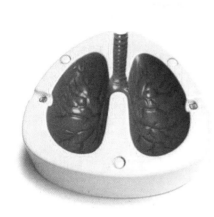

图 8-26 "肺"烟灰缸（让人想到吸烟的害处）

图 8-27 仿照松果造型的 PH 灯

仿生设计往往是造型设计的一种重要形式。仿生就是通过抽取自然环境或现有事物的形态元素，然后进行简化和再造，最终将产品以一种具象化或抽象化的形式呈现出来，如图 8-28 所示。

图 8-28 蚁椅和蝴蝶凳

2. 单纯化、简洁化设计

现代人生活在纷繁复杂的社会环境中，人们工作紧张，回到家中希望获得宁静。这一现象反映在日用消费品的造型上，就是单纯化、简洁化成为现代造型设计的一大特征。另外，越单纯、越简练的造型，就越有利于大规模生产。而且，从审美方面来说，简洁的设计流行时间更长。图 8-29 和图 8-30 是两个简洁化设计的案例。

图 8-29　小米在设计和包装上讲究"无设计理念"　　　　图 8-30　北欧家具一向以简洁化设计著称

3. 注重人情味的设计

人的情感活动是人的精神活动的主要方面，注重人情味的设计就是遵循人的情感活动规律，把握消费者的情感内容和表现方式，用具有人情味的产品造型获得消费者在心理上的共鸣，使其产生愉悦的感觉，产生对新的生活方式的追求。

具有人情味的造型设计是多元化的。增加设计品种是具有人情味的设计的首要内容，以便满足不同年龄、不同性别、不同文化修养、不同职业消费者的需求。色彩设计是人情味设计的主要内容，如图 8-31 所示。

图 8-31　色彩设计是人情味设计的主要内容

4. 功能是产品设计考虑的核心

实现产品功能是在产品设计中最重要的考虑因素。如果不以功能作为设计的考虑核心，那么设计的存在价值将大打折扣，甚至导致失败。功能决定了产品结构，也影响产品的造型。设计师在设计时，应该首先考虑产品的功能特点和实现方式，然后再考虑产品的结构和造型。

产品造型和结构往往都是用来支撑产品功能的，如图8-32和图8-33所示。

图 8-32　具有特定功能的结构设计——方便拔插的插座

图 8-33　火星人榨汁机——一个把功能、造型优化到极致的设计

5. 科技化、智能化、信息化成为未来的设计趋势

随着时代的发展，将科技成果应用于产品设计已经成为一种趋势。21世纪是信息化时代，计算机信息技术在产品设计上的应用也成为产品设计的一个重点，产品设计向科技化、智能化、信息化发展已经不可避免。但是，有一点我们必须把握好：在利用科技成果时，不能让产品对特殊人群产生壁垒，科技化、智能化的产品应该平等面向所有消费者，不能出现差异化。新技术成果的应用应该让人们的生活更简单，而不是更复杂。

图8-34和图8-35是两个利用最新科技成果的产品设计案例。

图 8-34　日益流行的智能锁科技化十足

图 8-35　电饭煲利用新科技，让米饭更香

扫描二维码，观看"创新设计的内容"教学视频

8.4 创新设计与专利保护

　　工业设计是创新性较高的行业。在工业设计企业中，专利保护是一项非常重要的工作，每个设计背后都会申请很多专利来保障企业的创新权益。因此，不管是企业、设计竞赛组织者、参加者，还是高校设计专业的学生，都要做好自己设计的保护工作。

　　在我国，专利分为发明、实用新型和外观设计三种类型。

　　各种专利的申请周期：外观专利一般1～3个月就可以拿到证书，实用新型专利需要8～12个月，发明专利一般需要2～2.5年。对于工业设计行业来说，外观和实用新型专利是最多的。

8.4.1 专利撰写模板

产品设计领域专利技术交底书

　　1. 机构或装置的名称：×××××××××

　　2. 现有技术及其不足：（首先介绍一下与本发明最接近的现有的机构或装置，说明其主要结构及作用原理，同时指出这种现有技术的结构原理存在的缺点或不足之处。可以引用已经公开发表的论文或专利文献，并指明其出处。如果方便的话，那么可以提供现有技术的附图，并在说明其结构原理时对照该附图。）

　　3. 本发明的目的：（指出本发明的技术方案对现有技术进行改进的目的，或者说是为了解决现有技术中存在的什么缺陷。）

　　4. 详细描述本发明的机构或装置：（对照提供的附图，并引用附图中的标号，详细说明本发明的机构或装置中与发明目的相关联的组成部分，说明各组成部分的必要形状及相互之间的连接关系，如位置关系、连接关系、配合关系、相互作用关系等，说明本发明的作用原理、使用方法。对于涉及运动部件的，可以说明其动作过程。）

　　5. 本发明的有益效果：（说明由本发明的结构决定的有益效果或优点，如克服了缺点、增加了功能、降低了成本、简化了结构、易于制造、故障率低、安全可靠、节能环保、便于操作等。）

　　说明书附图：提供本发明的机构或装置的附图。附图可以有多幅，要求能够清楚表达本发明的结构。附图可以是工程装配图、立体示意图、剖视图、局部放大图、局部剖视图、零件图等。附图应该对产品组成部分、结构特征（如孔、槽、凸台等）等要素引出标号，以方便在文字描述部分引用这些标号进行说明。附图中不能标注尺寸和公差。

8.4.2 案例讲解：一种3D打印后处理机构（专利申报书）

1. 产品设计效果图

　　我们设计一款产品，应该先把产品的效果图制作出来，然后利用三维软件导出产品的二维立体线图（也可用平面软件或AutoCAD绘制）作为专利说明书附图。

　　图8-36为一种3D打印后处理机构效果图。

图 8-36　一种 3D 打印后处理机构效果图（赵军、翁浩吉 设计）

2. 专利设计说明书（申报书）模板

一种 3D 打印后处理机构

【技术领域】

本发明涉及一种 3D 打印后处理机构。

【背景技术】

现在市面选择性激光烧结成形（SLS）后处理台主要采用空气压缩机和过滤网 24 等结构进行 3D 打印物件的处理，不存在自动混分结构。这些设备使用不方便，经过市场调查，发现它们存在以下几点不足：①平台未加盖，粉尘较多；②取件时需要手动操作，比较麻烦；③空气压缩结构需要脚踩，不方便；④加粉时粉尘多，且不方便。

【发明内容】

本发明解决的技术问题是提供一种后处理机构，对收集的粉末重新进行利用。

为解决上述技术问题，本发明采用以下技术方案。

一种后处理机构，包括处理架，所述处理架上设有取件平台、混粉器、储粉桶和集粉桶。所述取件平台上翻转连接顶盖，所述取件平台的底面上设有进料槽和筛分孔，所述顶盖上设有移粉板，所述移粉板上设有推动移粉板在进料槽和筛分孔之间移动的推杆，所述进料槽的正下方设有可升降的升降装置，所述混粉器位于筛分孔的正下方，所述储粉桶通过吸粉管路连接所述混粉器，所述集粉桶位于混粉器的正下方。

进一步，所述混粉器包括混粉斗，所述混粉斗内腔的上部设有过滤网，所述混粉斗的内壁设有位于过滤网下方用于连接吸粉管路的接口，所述混粉斗内设有混料螺旋杆，所述混料螺旋杆上连接第一电机。

进一步，所述过滤网上设有驱动过滤网震动的震动装置，所述震动装置包括连接过滤网的导向柱、套接在导向柱上的复位弹簧和驱动过滤网动作的驱动源，所述复位弹簧位于过滤网和处理架之间。

进一步，所述处理架上设有用于支撑集粉桶的移出装置，所述移出装置包括支撑座和驱动支撑座朝所述处理架外侧移动的第一气缸。

进一步，所述处理架上设有驱动推杆移动的第二气缸。

进一步，所述升降装置包括升降台、连接所述升降台的丝杆机构、驱动丝杆机构的驱动电机和设置在升降台上的物件桶。

进一步，所述顶盖上设有毛刷。

进一步，所述后处理机构还包括控制系统、操作面板和显示屏，所述控制系统连接所述操作面板、第一气缸、第二气缸、驱动电机和第一电机。

进一步，所述取件平台与处理架翻转连接，所述取件平台与翻转连接处相对的另一端设有把手。

进一步，所述顶盖为玻璃罩。

本发明的有益效果：本发明的后处理机构，在升降装置上放置物件，升降装置上升使物件穿过进料槽，然后推杆带动移粉板将粉末从进料槽处推送至筛分孔，去除物件上的粉末。粉末从筛分孔下落到混粉器中，储粉桶提供的新粉末与旧粉末混合后进入集粉桶，集粉桶中的物料可以重新利用。

本发明的这些特点和优点将会在下面的具体实施方式、附图中详细展示。

【附图说明】

下面结合附图对本发明做进一步的说明。[①]

图1为本发明的结构示意图；

图2为本发明的内壁结构示意图；

图3为本发明中取件平台的结构示意图；

图4为本发明中混粉器的结构示意图。

【具体实施方式】

下面结合本发明实施例的附图对本发明实施例的技术方案进行解释和说明，但下述实施例仅为本发明的优选实施例，并非全部。基于实施方式中的实施例，本领域技术人员在没有做出创造性劳动的前提下所获得的其他实施例，都属于本发明的保护范围。

参考图1、图2和图3，图中所示的后处理机构，包括处理架9，处理架9上设有取件平台2、混粉器4、储粉桶4和集粉桶7，混粉器4的底部设置底座5与处理架9连接，取件平台2上翻转连接顶盖1，取件平台2的底面上设有进料槽23和筛分孔22，顶盖1上设有移粉板21，移粉板21上设有推动移粉板21在进料槽23和筛分孔22之间移动的推杆12，进料槽23的正下方设有可升降的升降装置，混粉器4位于筛分孔22的正下方，储粉桶4通过吸粉

---

① 此处的图1～图4，即本书的图8-37～图8-40。

管路 3 连接混粉器 4，集粉桶 7 位于混粉器 4 的正下方。在升降装置上放置物件，升降装置上升使物件穿过进料槽 23，然后推杆带动移粉板 21 将粉末从进料槽 23 处推送至筛分孔 22，去除物件上的粉末。粉末从筛分孔 22 下落到混粉器 4 中，储粉桶 4 提供新粉与粉末混合后进入集粉桶 7，集粉桶 7 中的粉末可以重新利用。

其中混粉器 4 包括混粉斗，混粉斗内腔的上部设有过滤网 24，过滤网 24 进一步过滤杂质。混粉斗的内壁设有位于过滤网 24 下方用于连接吸粉管路 3 的接口，混粉器 4 内设有至少一根混料螺旋杆 25，混料螺旋杆 25 上连接第一电机 17。粉末从过滤网 24 进入混粉器 4，储粉桶 4 提供的新粉末由接口进入混粉斗，混料螺旋杆 25 转动将旧粉末和新粉末混合。

过滤网 24 上设有驱动过滤网 24 震动的震动装置 16，震动装置 16 包括连接过滤网 24 的导向柱、套接在导向柱上的复位弹簧和驱动过滤网 24 动作的驱动源。复位弹簧位于过滤网 24 和处理架 9 之间。通过震动装置 16 驱动过滤网 24 抖动，进行筛分，可以防止过滤网 24 的滤孔堵塞。

为方便拿取集粉桶 7，处理架 9 上设有用于支撑集粉桶 7 的移出装置 6。移出装置 6 包括支撑座和驱动支撑座朝处理架 9 外侧移动的第一气缸。集粉桶 7 放置在支撑座上，第一气缸驱动支撑座向下向外移动，使集粉桶 7 从处理架 9 移出，方便拿取。

处理架上设有驱动推杆移动的第二气缸，通过第二气缸驱动推杆 12，使移粉板 21 自动往复移动，节省体力。

后处理机构采用的升降装置包括升降台、连接升降台的丝杆机构 20、驱动丝杆机构 20 的驱动电机 18 和设置在升降台上的物件桶 14。

顶盖 1 上设有毛刷 13，通过毛刷 13 有效刷去物件上的粉末。

后处理机构还包括控制系统、控制面板和显示屏。控制系统连接操作面板、第一气缸、第二气缸、驱动电机和第一电机。控制系统控制驱动电机 18 使物件上升后，第二气缸开始动作。通过操作控制面板，可以控制第一气缸动作，使集粉桶 7 移出。

取件平台 2 与处理架 9 翻转连接，取件平台 2 与翻转连接相对的另一端设有把手 11。取件平台 2 可以向上翻转打开。处理架 9 上设有上开门 10，取件平台 2 和上开门 10 打开后，方便对内部进行检修。

后处理机构采用的顶盖 1 为玻璃罩，通过它可以清楚了解取件平台 2 的工作状态。

通过上述实施例，本发明的目的已经完全有效地达到了。熟悉该技术的人士应该明白本发明包括但不限于附图和上面具体实施方式中描述的内容。任何不偏离本发明的功能和结构原理的修改都将包括在权利要求书的范围中。

3. 专利设计说明书附图

附图要以线图形式呈现，不可以用彩色图；必要的结构要用数字标明，设计说明书在介绍内容时使用的数字序号要与图中的数字对应。在标注数字时，一组零件用一个数字标注，例如，组件 1，组件 1 下面可能有其他零件，就用 11、12、13……标示，以此类推。

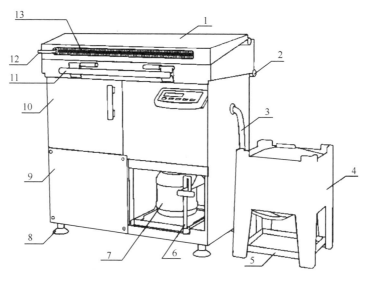

图 8-37　专利设计说明书图 1

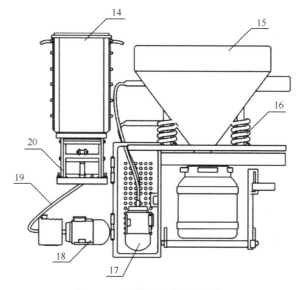

图 8-38　专利设计说明书图 2

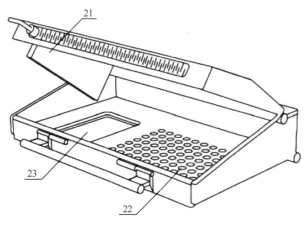

图 8-39　专利设计说明书图 3

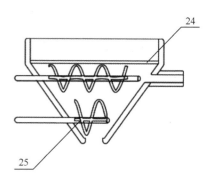

图 8-40　专利设计说明书图 4

8.5　国内知名设计网站分享

　　作者把设计师常用的经典设计网站整理出来供读者参阅，读者可以通过扫描二维码查看相关网站列表，这些网站可以帮助设计初学者、设计专业学生、设计从业者查找资料和进行交流。很多网站，如 Billwang 工业设计网、学犀牛中文网、花瓣网等含有大量的优秀设计与手绘素材，适合爱好设计和手绘的人士参阅和借鉴。

扫描二维码，查看相关网站列表

【思政讲堂】

【思政元素】 勇于创新，探索求变。

潘顿椅的创新设计之路

20世纪50年代，绝大多数椅子是用木材制作的，而维纳尔·潘顿的梦想是制造一把能堆放在一起的塑料椅子。据说，他的这个灵感来自叠放在一起的塑料桶。潘顿画了大量的草图，并用石膏浇筑了一个模型。然而，当时的生产商都不看好这个设计。这种椅子与传统的木椅相比太特立独行，人们认为这种设计太激进、太冒险。11年后，瑞士家具生产商维特拉公司对这种塑料椅产生了浓厚的兴趣。潘顿与维特拉公司的老板威利·费尔鲍姆合作，用聚酯纤维和玻璃纤维制造出世界上第一把没有腿的一体式座椅。但是，这把椅子分量相当重，而且需要大量修整工作。随后，他们又实验了成本更低的聚苯乙烯塑料，通过大量实验来解决椅子的力学和美学之间的平衡难题。1968年，维特拉公司敲定了椅子的最终版本，材料为高弹性聚氨酯泡沫塑料，并于同年开始对外销售。然而，好景不长，到了1979年，这种椅子由于易老化被迫停产。随着材料科学的发展进步，用聚丙烯做原料的潘顿椅重新上市，并有多种色彩。命运多舛的潘顿椅至此成为一代经典，畅销世界各地。

潘顿椅不单是设计形态的创新，更是材料、结构和功能的创新，是世界上第一次用玻璃纤维增强塑料一次性注塑成型的家具。这种座椅外观时尚大方，有种流畅大气的曲线美，舒适典雅，符合人机工程学，色彩十分艳丽，具有强烈的雕塑感，被世界许多博物馆收藏。潘顿椅的成功成为现代家具史上革命性的突破。

看了这个设计案例，我们有什么感想呢？

作为设计师，我们也要学习潘顿的探索创新精神，在学好基础知识的同时，还要拓展更多领域的知识和能力，在设计中学会应用新材料、尝试新工艺、探索新领域，同时要探索现代设计与传统材料的结合、现代材料与传统材料的结合，在设计的道路上勇于探索，用创新让自己的设计不断出彩。

单元训练和作业

一、课题内容

1. 创新思维与创新设计方法。
2. 国内外知名设计网站、国内外知名设计竞赛信息。
3. 知识产权保护基本常识。

二、作业要求

1．请利用基本的创新思维和方法设计一款产品，并撰写专利申报说明书。

2．请找一个比较有代表性的工业设计竞赛，根据竞赛的设计主题、设计内容等信息设计一款产品，并参赛。

参考文献

[1] SHIMIZU Y. Marker Works from Japan［M］. Tokyo: Graphic-Sha Publishing, 1990.

[2] 罗剑，李羽，梁军. 马克笔手绘产品设计效果图：初级篇［M］. 北京：清华大学出版社，2015.

[3] 赵军. 产品创新设计［M］. 北京：电子工业出版社，2016.

[4] 李晓东. Photoshop CC 产品设计效果图表现实例教程［M］. 北京：电子工业出版社，2015.

[5] 潘长学，刘向东. 工业产品设计表现技法［M］. 武汉：武汉理工大学出版社，2006.

[6] 曹伟智. 手绘·意：产品效果图手绘表现技法［M］. 沈阳：辽宁美术出版社，2007.

[7] 安静斌. 产品造型设计手绘效果图表现技法［M］. 重庆：重庆大学出版社，2017.

[8] 高楠. 工业设计创新的方法与案例［M］. 北京：化学工业出版社，2006.

[9] 张琲. 产品创新设计与思维［M］. 北京：中国建筑工业出版社，2005.

[10] 丁满. 产品二维设计表现［M］. 北京：北京理工大学出版社，2008.

[11] 曹伟智. 工业产品表现摹本［M］. 沈阳：辽宁美术出版社，2013.

[12] 程子东，吕从娜，张玉民. 手绘效果图表现技法：项目教学与实训案例［M］. 北京：清华大学出版社，2010.

[13] 艾森. 产品设计手绘技法：从创意构思到产品实现的技法攻略［M］. 陈苏宁，译. 北京：中国青年出版社，2009.

[14] 刘传凯. 产品创意设计［M］. 北京：中国青年出版社，2005.

[15] 易锐. 妙笔生花：手绘艺术的数字化研究与应用［D］. 济南：山东大学软件学院，2009.

[16] 叶永平，陈宜国. 产品设计表现技法［M］. 合肥：安徽美术出版社，2016.

[17] 桂元龙，况雯雯，杨淳. 产品项目设计［M］. 合肥：安徽美术出版社，2017.

[18] 拜耶，麦克德莫特. 现代经典设计作品大观［M］. 傅强，译. 北京：中国建筑工业出版社，2006.

反侵权盗版声明